基于格的公钥密码算法的分析与设计

孙　华◎著

科学技术文献出版社
SCIENTIFIC AND TECHNICAL DOCUMENTATION PRESS
·北京·

图书在版编目（CIP）数据

基于格的公钥密码算法的分析与设计 / 孙华著. —北京：科学技术文献出版社，2019.2（2023. 7重印）
ISBN 978-7-5189-5072-0

Ⅰ.①基… Ⅱ.①孙… Ⅲ.①公钥密码系统—密码算法—研究 Ⅳ.①TN918.4

中国版本图书馆 CIP 数据核字（2018）第 280345 号

基于格的公钥密码算法的分析与设计

策划编辑：张　丹　　责任编辑：赵　斌　　责任校对：张吲哚　　责任出版：张志平

出 版 者　科学技术文献出版社
地　　址　北京市复兴路15号　邮编 100038
编 务 部　(010) 58882938，58882087（传真）
发 行 部　(010) 58882868，58882870（传真）
邮 购 部　(010) 58882873
官方网址　www.stdp.com.cn
发 行 者　科学技术文献出版社发行　全国各地新华书店经销
印 刷 者　北京虎彩文化传播有限公司
版　　次　2019 年 2 月第 1 版　2023 年 7 月第 6 次印刷
开　　本　710×1000　1/16
字　　数　153千
印　　张　8.75
书　　号　ISBN 978-7-5189-5072-0
定　　价　38.00元

前　言

随着计算机网络及通信技术的飞速发展，人们之间的信息交流呈现出国际化、网络化、数字化、智能化、宽带化的趋势，人类已经进入了信息时代。信息时代的主要特征是信息成了社会中最重要的一种资源和财富，信息的交流和处理手段成了人们生活中必不可少的部分。通过网络传输或获取信息，已从军事、政治、外交等重要领域日益普及到人们日常生活的各个领域。然而，信息技术是一把“双刃剑”，它一方面给人类带来了巨大的好处，另一方面又给人类带来了前所未有的威胁。如何保障信息在网络传输过程中不受各种干扰破坏或不发生泄露，保证信息安全，已成为当今信息时代的一个重要问题。

信息安全是一个综合性的交叉学科，它涉及数学、密码学、计算机科学、通信、控制、人工智能等诸多学科。信息安全的任务就是要采取技术手段及有效管理保护信息和信息系统免遭偶然或有意的非授权泄露、修改、破坏或丧失处理信息能力，实质是保护信息的安全性，即机密性、完整性、可用性、可控性和不可伪造性。保障信息安全的核心是密码技术，信息安全是密码学研究与发展的目的。

在量子计算时代，传统的密码体制将不再安全。如何应对量子计算机所带来的安全威胁，并设计出抗量子计算攻击的密码体制是人们不断追寻的目标，而格密码是该研究领域中最受关注的一个。目前，基于格上困难问题进行格密码体制的分析与设计已成为后量子密码研究中的重要内容。此外，利用破解格上困难问题的算法进行密码体制的安全性分析，已成为一种重要的手段。对格密码进行研究与应用，不仅具有重要的理论与实际意义，同时也是后量子时代密码学的研究热点。

根据密钥的产生方式，可将密码体制分为非对称密码和对称密码，即私钥密码体制和公钥密码体制。公钥密码体制为密码学的发展提供了新的理论和技术基础，一方面，公钥密码算法的基本工具不再是代换和置换，而是数学函数；另一方面，公钥密码算法中两个密钥的使用对保密性、认证、密钥分配等都有着深刻的意义。数字签名是针对电子文档的一种签名确认技术，它由公钥密码发展而来，在信息安全，包括身份认证、数据完整性、不可否认性及匿名性等方面，特别是在大型网络安全通信中的密钥分配、认证及电子商务系统中具有重要作用。面对现实环境中许多特殊功能的需求，具有附加性质的数字签名算法不断涌现出来，并应用到不同的领域。签密是将机密性和不可伪造性合二为一的一种新的密码原语，是指能够在一个单一的逻辑步骤内同时实现加密和签名两种操作。该概念一经提出即吸引了广大的研究人员和学者，目前国内外不少研究人员已在该领域进行了广泛的研究和探索，不断推动着其研究向前发展。

本书内容分为三部分：第一部分介绍密码学的基础知识、格密码和可证明安全性理论；第二部分介绍基于格的数字签名及具有附件性质的签名方案；第三部分介绍签密技术及基于格的签密方案。本书作为基于格的公钥密码算法的分析与研究的一部专业著作，是笔者近年来从事基于格的公钥密码研究的相关成果总结，它不仅可以作为信息安全、计算机、通信工程等专业高年级本科生和研究生的教材与参考读物，也可供从事相关理论研究的技术人员参考使用。

在本书撰写过程中，安阳师范学院计算机与信息工程学院的领导和老师给予了大力支持，他们付出了大量的劳动，在此衷心地表示感谢。此外，笔者参阅了大量的相关图书和资料，并通过网络获取了很多资源，在此向各位原著作者一并表示致敬和感谢！由于笔者水平有限，书中难免存在不妥和错误之处，恳请各位专家和读者批评指正。

本书的相关工作得到了河南省高等学校青年骨干教师资助计划项目(2015GGJS-001)、河南省高等学校重点科研项目（19A413004）资助。

目 录

第 1 章 数学知识

密码学以数学理论为基础，涉及数论、代数结构、复杂性理论等，它们是设计密码算法和协议不可或缺的有力工具。本章主要介绍本书需要用到的数论、代数结构和复杂性理论，为后面密码学的学习做好准备，更多内容请参见参考文献［1-15］。

1.1 初等数论

数论是主要研究整数性质的一个重要的数学分支，它不仅仅是一门纯粹的数学学科，也是一门应用性很强的数学学科。如今，数论已广泛应用于通信、信息安全、电子等领域，尤其是在密码学方面涉及许多数论方法与技术。限于篇幅，本节仅简单介绍密码学中常用的一些数论中的基本概念和结论。

1.1.1 整除

通常用 $\mathbb{Z}$ 表示全体整数的集合，用 $\mathbb{N}$ 表示全体自然数的集合，下面给出整除的定义。

定义 1-1 给定两个整数 a，$b \in \mathbb{Z}$，如果存在整数 $q \in \mathbb{Z}$，使得 $a = bq$，那么就称 a 可被 b 整除，或者称 b 是 a 的因子，记作 $b \mid a$；反之，则说 a 不可被 b 整除，记作 $b \nmid a$。

设 a，b，$c \in \mathbb{Z}$，根据定义和乘法运算规律，可知整除有以下性质。

① 若 $a \mid b$，$b \mid c$，则 $a \mid c$。

② 若 $a \mid b$，$a \mid c$，则对于任意 x，$y \in \mathbb{Z}$，有 $a \mid bx + cy$。

③ 若 $a \mid b$，$b \mid a$，则 $a = \pm b$。

④ 若 $b \neq 0$，$a \mid b$，则 $|a| \leqslant |b|$。

定义 1-2 如果整数 $p > 1$ 且仅能被 1 和它本身整除，则称 p 为素数（也称为质数)。

在一般情况下，素数只取正数，若整数 $n > 1$ 且不是素数，则称为合数。

1.1.2 最大公约数

定义 1-3 设 a，b 是不全为 0 的整数，能同时整除 a 和 b 的最大正整数 d 称为最大公约数，记作 $d = \gcd(a, b)$。

根据定义可知，最大公约数 $d = \gcd(a, b)$，满足以下性质。

① 对于任意整数 x，均有 $\gcd(a, b) = \gcd(a, b + ax)$。

② 对于任意整数 x 和 y，均有 $d \mid ax + by$。

③ 若 $c \mid a$，$c \mid b$，则 $c \mid d$。

定义 1-4 设 a、b 是两个整数，如果 $\gcd(a, b) - 1$，则称它们互素。

关于最大公约数，我们有以下结论：

定理 1-1 若 $\gcd(x, a) = 1$，则有 $\gcd(x, ab) = \gcd(x, b)$。

定理 1-2 若 $\gcd(x, a) = 1$，$x \mid ab$，则 $x \mid b$。

1.1.3 同余及剩余类

定义 1-5 给定两个整数 a 和 b，如果它们除以 n 具有相同的最小非负余数，则称它们模 n 同余，记作 $a \equiv b(\bmod n)$。显然，a 和 b 模 n 同余等价于 $n \mid a - b$。

根据定义 1-5 可知，同余关系是一个等价关系，具有以下性质。

① 自反性：对于任意整数，$a \equiv a(\bmod n)$。

② 对称性：若 $a \equiv b(\bmod n)$，则 $b \equiv a(\bmod n)$。

③ 传递性：若 $a \equiv b(\bmod n)$，$b \equiv c(\bmod n)$，则 $a \equiv c(\bmod n)$。

不难证明，同余运算还满足如下性质。

① 若 $a \equiv b(\bmod n)$，$c \equiv d(\bmod n)$，则 $a \pm c \equiv b \pm d(\bmod n)$。

② 若 $a \equiv b(\bmod n)$，$c \equiv d(\bmod n)$，则 $ac \equiv bd(\bmod n)$。

③ 若 $ac \equiv bc(\bmod n)$ ，$\gcd(c,\ n)=1$，则 $a \equiv b(\bmod n)$ 。

定理 1-3　若整数 $n \geqslant 1$，$\gcd(a,\ n)=1$，则存在一个小于 n 的整数 c ，使得 $ac \equiv 1(\bmod n)$ ，称 c 为 a 模 n 的乘法逆元，记作 a^{-1}。

定义 1-6　在模 n 的运算中，将除以 n 同余的所有整数形成的集合称为模 n 的一个剩余类。

模 n 的剩余类有 n 个，n 个剩余类的 n 个代表元（每个代表元对应一个剩余类）构成一个模 n 的完全剩余类，记作 $\mathbb{Z}_n$ 。

定义 1-7　在模 n 的一个剩余类中，若有一个数与 n 互素，则该剩余类中所有元素均与 n 互素，并称该剩余类为既约剩余类。在模 n 的每个既约剩余类中取一个代表元，则它们组成一个既约剩余系，记作 $\mathbb{Z}_n^*$ 。

1.1.4　欧拉函数

定义 1-8　对于任意 $x \in \mathbb{N}$ 且 $x \geqslant 1$，令 $\Phi(x)$ 为小于 x 且与 x 互素的非负整数的个数，则称 $\Phi(x)$ 为欧拉函数。

根据定义 1-8 可知，欧拉函数具有以下性质。

① $\Phi(1)=1$。

② 若 p 是素数，则 $\Phi(p)=p-1$。

③ 若 $\gcd(a,\ b)=1$，则 $\Phi(ab)=\Phi(a)\Phi(b)$ 。

定理 1-4　（欧拉定理）若 $\gcd(a,\ n)=1$，则 $a^{\Phi(n)} \equiv 1 \bmod n$ 。

定理 1-5　（费尔马定理）若 p 为素数且 $\gcd(a,\ p)=1$，则 $a^{p-1} \equiv 1 \bmod p$ 。

定义 1-9　给定素数 p ，若存在一个整数 a ，使得 $a \bmod p$ ，$a^2 \bmod p$ ，…，$a^{p-1} \bmod p$ 是各不相同的整数，并且组成模 p 的从 1 到 $p-1$ 的一个既约剩余系，则称 a 为素数 p 的生成元。

1.1.5　同余方程

定理 1-6　（中国剩余定理）设 m_1，m_2，…，m_k 是两两互素的正整数，令 $m=m_1m_2\cdots m_k$ ，$M_i=\dfrac{m}{m_i}$ ，那么，对于任意整数 a_1，a_2，…，a_k ，同余方程组 $x \equiv a_i(\bmod m_i)$ ，其中，$1 \leqslant i \leqslant k$ ，有唯一解。该解是 $x \equiv M_1M_1^{-1}a_1 + \cdots + M_kM_k^{-1}a_k(\bmod m)$ ，其中，$M_iM_i^{-1} \equiv 1(\bmod m_i)$ 。

定义 1-10　设整数 $n>1$，$\gcd(a,\ n)=1$，若同余方程 $x^2 \equiv a(\bmod n)$ 有解，

则称 a 为模 n 的二次剩余；否则，称 a 为模 n 的二次非剩余。

1.2 代数结构

1.2.1 群

定义 1-11 设 G 是一个非空集合，在 G 上定义了一个二元运算“·”，若满足以下条件，则将满足条件的集合 G 称为群，记作 $(G, \cdot)$。

① 运算封闭性成立，对于任意 a，$b \in G$，有 $a \cdot b \in G$。

② 结合律成立，对于任意 a，b，$c \in G$，有 $(a \cdot b) \cdot c = a \cdot (b \cdot c)$。

③ G 中存在一个元素 e，对于任意 $a \in G$，有 $a \cdot e = e \cdot a = a$，该元素称为 G 的单位元；

④ 对于任意 $a \in G$，存在一个元素 $a^{-1} \in G$，使得 $a \cdot a^{-1} = a^{-1} \cdot a = e$，该元素称为 a 的逆元。

如果对于群 G 中任意元素 a，$b \in G$，有 $a \cdot b = b \cdot a$，则称 G 为交换群或 Abel 群。

上述定义中，G 的运算“·”指代一般意义下的运算，它可以是通常的乘法或加法。

定义 1-12 若群中元素的个数有限，称这个群为有限群；否则，称这个群为无限群。有限群中元素的个数称为群的阶，记作 $|G|$。

定义 1-13 如果群 G 中的每一个元素都是某个元素 $a \in G$ 的幂 a^k（k 为整数），则称 G 是一个循环群，a 称为 G 的一个生成元。

1.2.2 环

定义 1-14 设 R 是一个非空集合，在其上定义了两个二元运算“+”（加法）和“·”（乘法），如果这些运算满足以下条件，那么就称 $(R, +, \cdot)$ 为一个环，记作 R。

① $(R, +)$ 是一个交换群。

② 乘法运算满足结合律，即对所有的 a，b，$c \in R$，有 $(a \cdot b) \cdot c = a \cdot (b \cdot c)$。

③ 乘法对加法满足分配律，即对所有的 a，b，$c \in R$，有 $a \cdot (b+c) = a \cdot b + a \cdot c$，$(b+c) \cdot a = b \cdot a + c \cdot a$。

如果一个环 R 还满足条件：对于任意 a，$b \in R$，有 $a \cdot b = b \cdot a$，则称其为交换环。同群一样，元素个数有限的环，称为有限环，否则，称为无限环。

定义 1-15　若对于环 R 中任意一个元素 a，都有 $ae = ea = a$，则称 e 为环 R 的单位元。如果环含有单位元，则单位元唯一。

定义 1-16　若含有单位元的环 R 存在一个非零元素 a^{-1}，有 $aa^{-1} = a^{-1}a = e$，称 a^{-1} 为 a 的逆元。

1.2.3　域

定义 1-17　设 F 是至少含有两个元素的集合，在其上定义了两个二元运算“+”（加法）和“·”（乘法），如果这些运算满足以下条件，那么就称集合 F 为域，记作 $(F, +, \cdot)$。

① F 的元素关于运算“+”构成交换群，其单位元为“0”。

② F 关于运算“·”构成交换群，其中，每一个非零元素 a 有一个逆元 a^{-1}。

③ 对于任意 a，b，$c \in F$，分配律成立，即 $(a+b) \cdot c = a \cdot c + b \cdot c$。

如果一个域包含的元素是有限的，则称为有限域，否则，称为无限域。有限域中所含元素的个数称为有限域的阶。

定理 1-7　有限域的阶一定是素数的幂。

定理 1-8　给定任意素数 p 和正整数 n，存在阶为 p^n 的有限域，记作 $GF(p^n)$。

密码学中应用到的域一般是有限域，有限域又被称为 Galois 域，并以 $GF(p^n)$ 表示，其中，p^n 表示有限域的阶。

定义 1-18　设 F_1、F_2 是两个域，称 F_1 到 F_2 的一个可逆映射 σ 为一个同构（映射），如果 σ 是保持运算的映射，即对于任意的 a，$b \in F_1$，有 $\sigma(a+b) = \sigma(a) + \sigma(b)$，$\sigma(a \cdot b) = \sigma(a) \cdot \sigma(b)$。

1.3　计算复杂性理论

复杂性理论和密码学之间有着紧密的联系。计算复杂性理论是现代密码学的理论基础，也是构造安全密码体制的理论依据。密码学是复杂性理论的一个重要应用领域，密码学的不断发展促进了复杂性理论的进一步深入研究。问题复杂性和算法复杂性是现代密码学中有关复杂性理论的两个主要内容，是密码分析技术中分析计算需求和破译密码固有难度的基础，为分析不同密码算法和技术的计算复杂性提供了有效工具。

计算复杂性理论给出了求解一个问题的计算是“容易”还是“困难”的确切定义，进而对问题和算法的复杂性加以分类。计算复杂性理论为密码体制的安全性提供了一种有效的描述方法：把破解密码体制的复杂度与解决某个已知问题的复杂度联系起来，从而把此密码体制的安全性归约为求解该问题的困难性。这一理论对现代密码学的发展起着重要作用。

1.3.1 问题与算法的复杂性

问题是指有待回答的一般性陈述或提问，常包括若干未知参数或自由变量。一个问题的描述由两部分组成：① 对其所有参数的一般性描述；② 说明其“答案”或“解”应具有的特性。给定问题所有未知参数的一组确定值后所对应的问题称为该问题的一个例子。

在诸多实际问题中，有一类问题其答案只有“是”或“非”两种可能，称之为判定问题。一个判定问题 D 可由它的所有例子构成的集 I 和 I 中那些答案为“是”的例子构成的集 I^+ 来表示，记作 $D=(I,\ I^+)$ 。通常 D 的一个例子可用一组参数值 θ 表示，因此，可将 I 和 I^+ 视为数集或数组集。实际中的绝大多数问题都可直接或间接地转化为判定问题。

设 c 为 D 的一个编码，由于问题的复杂度可能因为选择的编码方式不同而发生不同数量级的变化。因此，一个合理的编码应满足下列两个基本要求：① 编码是容易实现的；② 求解问题 D 的任意一个例子 θ 的计算复杂性与 $|c(\theta)|$ 有某种正比关系。

算法是一个关于某种运算规则的有限有序集合，这些规则确定了求解某一问题的一个运算序列。对该问题的任何例子，它能一步一步地执行计算。称一个算法可解某个计算问题是指这个算法可应用于这个问题的任何例子，并求得其解答。称一个问题是可解的，是指至少存在一个算法可解这个问题，否则就称该问题是不可解的。

一个算法的复杂性或有效性可以由执行该算法所需的运行时间和存储空间来度量，但在密码学应用中，人们更关心的是产生最终答案前算法所花费的时间。

因此，我们只研究算法的时间复杂度。由于一个算法的时间复杂度随着选用的计算机语言、用这一语言编写程序的方法及计算所用的计算机等因素的不同而有很大的差异，因此，在计算复杂性理论研究中，人们都采用统一的计算模型——图灵机。

1.3.2　算法与图灵机

图灵机是由英国数学家图灵在 1936 年首先提出的，至今仍被广泛应用于计算复杂性的理论研究中。下面介绍图灵机的基本模型。

图灵机的基本模型由一条输入带、一个读写头和一个有限控制器组成。输入带是半无限长的，它有无穷多个单元，每个单元可存放一个符号。有限控制器可控制读写头的左右移动。图灵机的一个基本动作可描述如下。

① 读写头读入所扫描单元的符号。

② 更新有限控制器的状态。

③ 读写头在扫描的单元上写入一个符号。

④ 读写头左移一单元，或者右移一单元，或者不移动。

严格地说，一台图灵机是一个七元组 $M = (Q, \sum, \Gamma, \delta, q_0, B, F)$，其中：

① Q 是状态集，它是一个非空有限集合。

② $\sum$ 是输入字母表，$\sum \subseteq \Gamma$，$B \notin \sum$。

③ Γ 是输入带符号集，它是一个非空有限集合。

④ B 是空白符，$B \in \Gamma$。

⑤ q_0 是初始状态，$q_0 \in Q$。

⑥ F 是终止状态集，$F \subseteq Q$。

⑦ δ 是转移函数，它是 $(Q - F) \times \Gamma$ 的某个子集到 $Q \times \Gamma \times \{L, R, S\}$ 的映射，L 表示左移一单元，R 表示右移一单元，S 表示不移动。如果一台图灵机的 δ 是单值的，则该图灵机是确定型图灵机；如果 δ 是多值的，则是非确定型图灵机。

一个算法的实现需要借助一定的计算模型。邱奇-图灵命题指出，如果一个算法在某个合理的计算模型上是可计算的，那么它在图灵机上也是可计算的。如果一个问题的规模为 n，则求解这个问题的算法所需的时间为 $T(n)$，它是 n 的函数。$T(n)$ 就是这个算法的时间复杂度，当输入规模 n 逐渐加大时，时间复杂度的极限情形就是这个算法的渐近时间复杂度。

如果算法的时间复杂度为 $T(n)=O(n^k)$，其中，n 为规模，k 为常数，则该算法为多项式时间算法。如果 $k=0$，则算法是常数的；如果 $k=1$，则算法是线性的；如果 $k=2$，则算法是二次的。依此类推。

如果算法的时间复杂度为 $T(n)=O(k^{f(n)})$，其中，k 为大于 1 的常数，$f(n)$ 是规模 n 的多项式函数，如 $f(n)=n$，则该算法为指数时间算法。

如果算法的时间复杂度为 $T(n)=O(k^{f(n)})$，其中，k 为大于 1 的常数，$f(n)$ 大于常数而小于线性函数，如 $f(n)=\sqrt{n}$，则该算法为亚指数时间算法。

现在普遍接受的观点是：认为多项式时间算法是“好的算法”，是有效的算法，因此，称有多项式时间算法的问题是“易解的”，而不存在多项式时间算法的问题，则称它为“难解的”。

1.3.3 问题的复杂性分类

对于一个具体问题，其计算的复杂度就是指可解该问题的算法的计算复杂度。由于可解该问题的算法可能有若干种，通常将可解该问题的最有效算法的复杂度定义为该问题的计算复杂度。根据问题的复杂度程度，可将问题的计算复杂度大致分为 3 类：P 问题、NP 问题和 NP 完全问题。

P 问题：指所有可以在多项式时间内求解的问题，或者说在确定型图灵机求解该问题时有多项式时间算法。

NP 问题：指所有可以在多项式时间内验证的问题，或者说在非确定型图灵机求解该问题时有多项式时间算法。

显然，$\mathrm{P}\subseteq\mathrm{NP}$，但是“$\mathrm{P}=\mathrm{NP}$ 是否成立”，仍然是当代数学和理论计算机科学中最大的难题之一。

研究表明，在 *NP* 类中有一小类问题，利用确定型图灵机求解时没有多项式时间算法，不过，如果其中一个问题利用确定型图灵机求解时有多项式时间算法，那么 $\mathrm{P}=\mathrm{NP}$。这一小类问题就是 *NP* 完全问题。可以看出，*NP* 完全问题是 *NP* 类问题中一类最难的问题。

计算复杂性理论在密码学研究领域起到十分重要的作用。密码学中的安全性分为理论安全性和计算安全性，计算安全性就是基于 *NP* 难问题的。目前的公钥密码体制就是计算安全的，也就是说，公钥密码体制的安全性是基于某种难解问题的假设。

参考文献

[1] MENEZES A J, VANSTONE S A, VANOORSCHOT P C. Handbook of applied cryptography [M]. Boca Raton: CRC Press, 1996.

[2] 冯登国. 信息安全中的数学方法与技术 [M]. 北京: 清华大学出版社, 2009.

[3] 王小云, 王明强, 孟宪萌. 公钥密码学的数学基础 [M]. 北京: 科学出版社, 2013.

[4] KOBLITZ N. A course in number theory and cryptography [M]. Second Edition. New York: Springer-Verlag, 1994.

[5] YAN S Y. Number theory for computing [M]. Second Edition. Berlin: Springer-Verlag, 2002.

[6] 章照止. 现代密码学基础 [M]. 北京: 北京邮电大学出版社, 2004.

[7] MAO W. 现代密码学理论与实践 [M]. 王继林, 伍前红, 译. 北京: 电子工业出版社, 2004.

[8] DELFS H, KNEBL H. Introduction to cryptography: principles and applications [M]. Berlin: Springer-Verlag, 2007.

[9] SILVERMAN J H, PIPHER J, HOFFSTEIN J. An introduction to mathematical cryptography [M]. New York: Springer-Verlag, 2008.

[10] MOLLIN R A. An introduction to cryptography [M]. Second Edition. Boca Raton: Chapman and Hall/CRC Press, 2006.

[11] LENSTRA A K. Integer factoring [J]. Designs, Codes and Cryptography, 2000, 19 (2-3): 101-128.

[12] 张立昂. 可计算性与计算复杂性导引（第 3 版）[M]. 北京: 北京大学出版社, 2011.

[13] 朱一清. 可计算性和计算复杂性 [M]. 北京: 国防工业出版社, 2006.

[14] TALBOT J, WELSH D. Complexity and cryptography: an introduction [M]. New York: Cambridge University Press, 2006.

[15] PAPADIMITRIOU C. Computational complexity [M]. Massachusetts: Addison- Wesley, 1994.

第 2 章

密码学基础

密码学是计算机科学和应用数学的一个分支。如今，密码学理论及其技术已经广泛应用到政治、经济、军事和外交等领域，并与人们的生活密切相关。本章主要介绍密码学的基本原理和常用的密码学工具，包括加密、数字签名、Hash函数等[1-5]，它们是实现信息机密性、完整性、认证和不可否认性的关键。

2.1 密码学概述

在信息网络时代，信息具有社会性、开放性、共享性等特点。信息在存储、传递、处理等过程中容易受到窃听、截取、篡改、伪造、假冒、重放和拒绝服务等多种攻击手段的威胁。信息安全的任务就是采取有效的技术及管理措施保护信息和信息系统免受各种攻击手段的威胁和破坏。

从安全需求角度来讲，信息安全包含以下 6 个基本目标。

① 机密性：是指确保信息的内容仅能被授权的用户有效获取，而非授权用户即使得到信息也无法知道信息的真实内容。

② 完整性：是指信息未经授权就不能进行改变，也就是说，信息一旦发生非授权篡改，如删除、修改、伪造、重排、插入等，则确保能够被检测出来。

③ 认证性：是指保证正确地标识消息或消息的来源，分为消息认证和实体认证。消息认证是指消息能被确认是否来自它所宣称的消息源；实体认证是指通

信的双方都能够确认对方的身份是真实可信的。

④ 不可否认性：是指能确保如果用户对信息进行了生成、签发、接收等操作，则之后无法否认自己的行为。

⑤ 可用性：是指确保信息资源随时可提供服务的能力特性，即授权用户根据需要可以合理访问所需信息而不会被非法拒绝。

⑥ 可控性：是指信息的信息流流向、信息传播和信息内容等具有控制能力的特性。

信息安全的研究工作涉及数学、计算机科学、信息论、密码学、通信技术、管理技术和法律等多种学科的内容。其中，密码学在信息安全中具有极其重要的作用，是保障信息安全的核心和基石。

密码学的核心目的是保密，它研究如何在不安全的信道进行通信时，确保通信安全。密码学有两个分支：密码编码学和密码分析学。密码编码学研究如何通过信息变换，以确保信息在传递的过程中不被窃取、篡改和利用的方法，而密码分析学则研究如何攻破各种密码体制、破译加密的信息。

一个密码系统主要包括以下几个基本要素：明文、密文、加密算法、解密算法和密钥。明文是被加密的信息，一般用 P 或 M 表示。密文是经过加密后得到的隐藏消息，一般用 C 表示。对明文进行加密时使用的一组规则称为加密算法，对密文进行解密时使用的一组规则称为解密算法。加密算法和解密算法是在密钥的作用下进行的。

为实现信息的机密性，密码系统必须满足以下条件。

① 加密算法和解密算法须对所有密钥均有效。

② 系统的安全性不依赖于加密算法和解密算法，而依赖于密钥的保密。

③ 系统易于实现和使用。

除机密性外，密码系统还能提供如下安全需求。

① 认证：包括数据源认证和身份认证，即消息接收者能够确认消息的来源，以及攻击者不可伪装成他人。

② 完整性：消息在传输过程中没有被篡改，或者攻击者不可伪造合法消息。

③ 不可抵赖性：消息发送者不可否认他发送的消息。

2.2 密码体制

根据密钥的特点，密码体制分为对称密码体制和非对称密码体制两种[6,7]。

2.2.1 对称密码体制

对称密码体制也称单钥密码体制或私钥密码体制。在该密码体制中，通信双方共享一个密钥，即数据加密和解密使用相同的密钥，密钥通过某种方法秘密地发送给对方或利用密钥分配中心。对称密码体制的安全依赖于两个因素：① 加密算法应足够强，即使敌手已知算法和密文也无法破译密文或发现密钥；② 发送者和接收者必须以安全的方式获取密钥。对称密码体制的安全取决于密钥的保密性。

按照加密方式，对称密码体制可分为分组密码和序列密码。分组密码是将明文划分成定长的数据块，然后分别在密钥的作用下经过变换生成相应的密文。序列密码是一次加密一个比特或一个明文符号，可看成是块长度为 1 的分组密码。

分组密码使用一个不随时间变化的固定变换，具优点是扩散性好及插入敏感等；缺点是加解密处理速度慢、存在错误传播。序列密码使用一个随时间变化的加密变换，其优点是加解密处理速度快、具有低错误传播等；缺点是扩散性差、插入及修改不敏感。

自从美国将数据加密标准（DES）密码算法作为其数据加密标准以来，对称密码体制快速发展并得到广泛应用。总体来说，对称密码体制有以下优缺点。

对称密码体制的优点：① 加解密速度快；② 密钥相对较短，密文长度通常小于或等于明文长度；③ 可以构造各种密码体制。

对称密码体制的缺点：① 主要用于加解密，不能用于数字签名；② 在网络通信环境下，需要许多密钥；③ 密钥需要经常更换。

2.2.2 公钥密码体制

公钥密码体制也称非对称密码体制或双钥密码体制。该密码体制有两个密钥，称为公钥（加密密钥）和私钥（解密密钥）。公钥是公开的，可被所有用户访问，而私钥由持有者秘密保存，这是公钥密码体制与对称密码体制的最大

区别。

公钥密码学为密码学的发展提供了新的理论和技术基础。公钥密码体制中使用的基本工具是数学函数，而不再是对称密码体制中的代换和置换。根据所依赖的数学困难问题划分，公钥密码系统主要有以下几类。

① 基于大整数质因子分解问题的公钥密码系统，如 RSA 算法。

② 基于椭圆曲线离散对数问题的公钥密码系统，如椭圆曲线算法 ECC。

③ 基于有限域离散对数问题的公钥系统，如数字签名算法 DSA。

公钥密码系统由明文、密文、加密算法、解密算法、公钥和私钥 6 个部分组成，其中，加密算法和解密算法应当是公开的，而唯一需要保密的是私钥。

公钥密码算法应当满足如下基本要求。

① 发送方使用接收方的公钥对消息加密以产生密文在计算上是容易的。

② 接收方使用自己的秘钥进行解密在计算上是容易的。

③ 敌手利用接收方的公钥生成其秘钥在计算上是不可行的。

④ 敌手利用接收方的公钥和密文恢复出明文在计算上是不可行的。

⑤ 加密和解密次序可调换。

公钥密码学的产生解决了对称密码体制中的两个突出问题，即密钥分配问题和数字签名问题，但是并没有解决所有的安全问题。总体来说，公钥密码体制有以下优缺点。

公钥密码体制的优点：① 只有私钥需要保密，公钥要保证其真实性；② 大型网络中需要管理的密钥数量较少；③ 可以用于加解密和数字签名。

公钥密码体制的缺点：① 加解密速度慢；② 密钥长度较长，密文大于明文长度；③ 公钥加密方案尚未被证明是安全的，其安全性基于数学难题的困难性。

2.3　Hash 函数

Hash 函数也称散列函数，它是将任意长度的字符串转换成固定长度输出串的一种函数，其输出的定长字符串称为 Hash 值，也称散列码或消息摘要。Hash 函数提供了一种错误检测方法，能够保障数据的完整性。它通常用来产生数据的指纹（函数值），即使改变被检测数据中一个比特信息也会使指纹信息发生变化。设 x 是任意给定的消息，通常用 H 表示 Hash 函数，用 $H(x)$ 表示 Hash 函数值。

密码学中的 Hash 函数，应当具有以下性质[8,9]。

① Hash 函数的输入为任意长度的字符串，并产生固定长度的输出。

② 任意给定消息 x，计算 $H(x)$ 是容易的。

③ 任意给定 Hash 值 y，求满足 $H(x)=y$ 的 x 在计算上是不可行的。如果满足该性质，则称 Hash 函数为单向的。

④ 已知消息 x，求 $x'(x'\neq x)$ 使得 $H(x)=H(x')$ 在计算上是不可行的。如果满足该性质，则称 Hash 函数为抗弱碰撞的。

⑤ 求满足条件 $H(x)=H(x')$ 的任意两个不同的输入 x 和 x' 在计算上是不可行的。如果满足该性质，则称 Hash 函数为抗强碰撞的。

第④和第⑤个性质描述了散列函数无碰撞性的概念。如果一个散列函数被认为是安全的，那么就应该满足单向性和抗强碰撞性。

目前，构造散列函数的方法主要有以下几种。

① 利用质因子分解、离散对数等数学困难问题进行构造。

② 利用一些对称密码体制进行构造，这种散列函数的安全性与所基于的密码算法相关。

③ 直接进行构造，如消息摘要算法 MD5 和安全散列算法 SHA-1 等。

2.4 数字签名

2.4.1 数字签名的基本概念及原理

数字签名技术能提供完整性、认证性和不可否认性等功能，是现代密码学的重要研究内容，也是保证信息安全的关键技术之一。数字签名的实质是对数据文件所做的密码变换。它使得数字签名的接收者能够确认数据的来源，并保障数据的完整性，是一种以电子形式对消息进行签名的方法。由于在数据完整性检验、身份鉴别、身份证明、防否认等方面具有非常重要的作用，数字签名技术在当今信息时代已经得到了非常广泛的应用，如现代金融、电子商务、电子政务、军事等很多领域都出现了数字签名的身影。

签名者通常将某个签名算法作用于需要签名的消息以产生数字签名，而签名接收者则通过一个验证算法来验证签名的真伪和识别签名者。

数字签名具有如下特点：① 数字签名须能验证签名者；② 数字签名须能验证被签的消息；③ 当双方关于签名的真伪产生争议时，可由仲裁机构解决争议。

根据数字签名的特点，其应当满足如下条件：① 签名者无法否认自己签发的数字签名；② 数字签名的产生和验证比较容易；③ 伪造数字签名在计算上是不可行的。

数字签名系统包括签名者、验证者、签名算法、验证算法和签名密钥。数字签名体制可由一个满足如下条件的五元组（M，S，K，Sig，Ver）表示。

① M 代表消息空间，它是所有可能消息的集合。

② S 代表签名空间，它是所有可能签名的集合。

③ K 代表密钥空间，它是所有可能签名密钥的集合。

④ Sig 是签名算法的集合。对于任意消息 $m \in M$，设密钥集合为 K，相应的签名算法为 $sig \in Sig$，那么，$s = sig_K(m)$ 称为消息 m 的签名。

⑤ Ver 是验证算法的集合。对于密钥集合 K，相应的验证算法为 $ver \in Ver$，计算 $v = ver_K(m, s)$。如果 $v = True$，则签名有效；若 $v = False$，则签名无效。

数字签名方案普遍都是基于某个公钥密码体制的，签名者用自己的私钥对消息进行签名，验证者用相应的公钥对签名进行验证。对称密码算法一般不容易实现数字签名，而任何公钥密码算法都可以用于实现数字签名，因此，目前人们普遍是在公钥密码体制下研究数字签名。

2.4.2　数字签名的分类

（1）基于计算能力的分类

数字签名分为无条件安全的数字签名和计算安全的数字签名。无条件安全的数字签名在实际应用中不太有效，因此不能被应用。计算安全的数字签名是指成功伪造签名在计算上是不可行的，目前，现有的数字签名大都是计算安全的。

（2）基于数学难题的分类

依据数字签名所基于的数学难题，其可分为基于大整数质因子分解的签名方案、基于离散对数的签名方案、基于椭圆曲线离散对数的签名方案、基于二次剩余问题的签名方案等。

（3）基于签名用户情况的分类

数字签名分为单用户签名和多用户签名。一般的签名方案是单用户签名方案，多用户签名方案又称为多重数字签名。

(4) 基于接收者验证签名方式的分类

数字签名分为普通数字签名和仲裁数字签名。仲裁数字签名是指签名接收者不能直接验证签名，必须与仲裁者合作才能验证签名。

(5) 基于签名者对消息是否可见的分类

数字签名分为普通签名和盲签名。盲签名是指签名者对待签消息不可见。

(6) 基于签名者是否需要别人委托签名的分类

数字签名分为普通数字签名和代理数字签名。

(7) 基于数字签名是否具有恢复特性的分类

数字签名分为具有消息自动恢复特性和不具有消息自动恢复特性两类。

2.4.3 特殊的数字签名

随着对数字签名研究的不断深入，普通数字签名已不能完全满足实际应用需要，一些具有附加性质和特殊功能的数字签名逐渐成为数字签名研究领域的热点。目前，从对特殊签名的研究现状来看，一方面要求对已提出方案在效率和安全性等方面进行优化，提出安全性更好、效率更高的方案；另一方面要求研究一些新的特殊签名，用以满足新的应用需要。因此，对特殊数字签名展开更深入的研究不仅具有重大的现实意义，同时存在着很大的研究空间。下面介绍这些特殊数字签名的概念。

盲签名：一种让签名者不知道所签消息内容的签名形式，即使签名者以后获取该签名，也无法将其与相应的签名过程联系起来。

代理签名：原始签名人把其签名权委托给代理签名人，代理签名人代表原始签名人在消息上进行签名。验证人在收到代理签名后，不但能验证签名的有效性，而且能确信原始签名人认可代理签名人所签的签名。

多重签名：一种能够实现多个用户对同一消息进行签名的签名形式。

聚合签名：指将来自 n 个不同签名者对 n 个不同消息 m 的 n 个签名聚合成一个单一的签名，而签名验证者可以确信该聚合签名确实由 n 个有效的用户签名生成。聚合签名在实际应用中具有非常重要的作用。

不可否认签名：指签名的有效性须在签名者的合作下才能验证，同时，签名者无法欺骗签名验证者。

指定验证者签名：指定的验证者可以验证签名的有效性，但是其无法让第三方相信这一点，因为指定验证者也能产生与签名人的签名不可区分的签名副本。

群签名：指签名者能够代表群体进行签名，但签名验证者无法确定签名者的真实身份，而群管理员可以在需要的时候指出谁是真正的签名者。

环签名：指签名者能够以一种完全匿名的方式对消息进行签名，签名验证者只能确信签名来自某个群体，但是不知道是群体中的哪个成员对消息进行了签名。

失败—停止签名：一类不依赖攻击者计算能力假设的数字签名。如果一个签名被伪造，那么签名者能够证明这个签名是一个伪造的签名，并且在第一次成功伪造之后，该签名系统将停止工作。

除上述数字签名之外，还有前向安全的数字签名、利用零知识证明设计的数字签名及可证明安全的数字签名等。另外，杂凑技术在数字签名中有着非常重要的作用。

2.4.4　几种数字签名方案

（1）RSA 数字签名算法

RSA 数字签名算法是由 Ron Rivest、Adi Shamir 和 Len Adleman 3 位学者提出的第一个公钥密码体制下的数字签名算法，也是目前普遍使用的签名算法。下面介绍使用散列函数的 RSA 数字签名算法的实现过程。

1）参数产生过程

① 随机选择两个秘密的大素数 p 和 q，计算 $n = p \times q$。

② 计算 n 的欧拉函数 $\phi(n) = (p - 1) \times (q - 1)$。

③ 随机选择一个大的正整数 e，满足 $1 < e < \phi(n)$ 且 $\gcd(\phi(n), e) = 1$。

④ 根据 e 和 $\phi(n)$，计算满足条件 $d \times e \equiv 1 \bmod \phi(n)$ 的值 d。

这里将 (e, n) 作为公钥，(d, n) 作为私钥。

2）签名过程

① 给定待签名消息 m，计算其散列值 $H(m)$。

② 利用私钥 d 对 $H(m)$ 进行签名，得到 $s = (H(m))^d \bmod n$。

③ 将消息和签名二元组 (m, s) 一起发送给签名验证者。

3）签名验证

① 签名验证者利用签名者的公钥 (e, n) 解密签名 s，得到 $H = s^e \bmod n$。

② 签名验证者利用与签名者相同的散列函数计算消息 m 的散列值 $H(m)$。

③ 如果 H 和 $H(m)$ 相等，则接受该签名；否则，拒绝该签名。

（2）ElGamal 数字签名算法

ElGamal 数字签名算法是由 Taher ElGamal 提出的一种非确定性的数字签名算法。它是指对任何给定的消息有许多有效的签名，并且只需验证它们中任何一个真实的签名。ElGamal 数字签名的安全性基于有限域上离散对数这一难题。下面介绍 ElGamal 数字签名算法的实现过程。

1）参数产生过程

① 设 p 是一个大素数且有限域 $\mathbb{Z}_p$ 上的离散对数问题是难解的，e_1 是 $\mathbb{Z}_p^*$ 的一个生成元。

② 随机选择一个整数 d，满足 $1 \leqslant d \leqslant p-2$，计算 $e_2 = e_1^d \bmod p$。

这里将（p，e_1，e_2）作为公钥，d 作为私钥。

2）签名过程

① 给定待签名消息 m，任意选取一个随机数 $1 \leqslant r \leqslant p-2$。

② 计算 $s_1 = e_1^r \bmod p$，$s_2 = (m - d \times s_1) \times r^{-1} \bmod (p-1)$，其中，$r^{-1}$ 是 r 模 p 的乘法逆元。

③ 将消息和签名三元组（m，s_1，s_2）一起发送给签名验证者。

3）签名验证

① 验证者利用签名者的公钥（p，e_1，e_2）计算 $v_1 = e_1^m \bmod p$，以及 $v_2 = e_2^{s1} \times s_1^{s2} \bmod p$。

② 如果等式 $v_1 \equiv v_2 (\bmod p)$ 成立，则接受该签名；否则，拒绝该签名。

2.5 零知识证明

零知识证明的概念是由 Goldwasser、Micali 和 Rackoff[10] 于 20 世纪 80 年代提出的，它是构造安全协议的一种重要工具[11-14]。在零知识证明中，包含证明者和验证者两方，证明者掌握某些秘密信息，能够让验证者相信其确实掌握那些信息，但却不向验证者提供任何有用的信息。在这种交互过程中，验证者只知道证明者拥有或没有秘密信息，而其他却什么也不知道。

零知识证明有交互零知识证明和非交互零知识证明。交互零知识证明是指证明者和验证者之间必须进行交互，才能实现零知识性，如 Goldwasser 等人所提出

的零知识证明。非交互零知识证明是指证明者和验证者无须进行交互，就能实现零知识性，如 Blum 等人利用短随机串代替交互实现的零知识证明。

零知识证明常用来构造安全协议，这里介绍基于零知识证明的 Fiat-Shamir 协议。在该协议中，证明者向验证者证明其掌握秘密信息 s ，而不泄露任何有关 s 的信息。

Fiat-Shamir 协议的交互过程如下。

① 可信第三方选择两个大素数 p 和 q ，计算 $n = p \times q$ 。公开参数 n ，而将 p 和 q 保密。

② 证明者随机选择一个与 n 互素的秘密 s ，满足 $1 \leqslant s \leqslant n-1$，计算 $v = s^2 \bmod n$ 。证明者将 s 作为其私钥保存，并将 v 向第三方公开作为其公钥。

③ 证明者任意选择一个随机数，满足 $1 \leqslant r \leqslant n-1$，计算 $x = r^2 \bmod n$ ，并将其发送给验证者。

④ 验证者任意选择一个比特 $c \in \{0, 1\}$ ，并将其发送给证明者。

⑤ 如果 $c = 0$，那么证明者向验证者发送 $y = r$ ；如果 $c = 1$，那么证明者向验证者发送 $y = rs \bmod n$ 。

⑥ 如果 $y = 0$，验证者拒绝证明；如果 $y \neq 0$，验证者依据 $y^2 \equiv xv^c \bmod n$ 是否成立来判断证明者是否掌握秘密信息 s 。

⑦ 重复步骤③～步骤⑥多次。

在本协议中，证明者可以是诚实的（知道 s 的值），也可以是不诚实的（不知道 s 的值）。如果其是诚实的，那么其可以通过每一轮测试。如果其是不诚实的，那么通过正确猜测 c 的值，其仍然可以通过本轮测试。下面分析后面这种情况。

① 证明者预测 $c = 0$，其计算 $x = r^2 \bmod n$ ，并将其发送给验证者。

如果猜测是正确的，即 $c = 0$，那么证明者将 $y = r$ 发送给验证者。显然，证明者能够通过后面的验证 $y^2 \equiv xv^c \bmod n$ 。

如果猜测是错误的，即 $c = 1$，那么证明者将无法找到满足验证条件的 y 值，故测试过程将无法继续进行。

② 证明者预测 $c = 1$，其计算 $x = r^2 / v \bmod n$ ，并将其发送给验证者。

如果猜测是正确的，即 $c = 1$，那么证明者将 $y = r$ 发送给验证者。显然，证明者能够通过后面的验证 $y^2 \equiv xv^c \bmod n$ 。

如果猜测是错误的，即 $c = 0$，那么证明者将无法找到满足验证条件的 y 值，故测试过程将无法继续进行。

通过以上分析可以看出，对于每一轮测试，不诚实的证明者成功欺骗验证者的概率为 $P=1/2$。如果该测试过程有 N 轮，那么其成功通过的概率为 $P=(1/2)^N$。当 N 值很大时，可知不诚实的证明者想要成功通过测试的概率是很小的。

2.6 安全协议

2.6.1 安全协议的概念及安全属性

安全协议是能够实现一定安全目标的消息交换协议。由于在安全协议的设计中需要应用密码技术，因此，安全协议也称为密码协议。安全协议的目标就是保证在协议执行完成时实现安全属性，评价安全协议安全性的标准就是检查其安全属性是否在协议执行时受到破坏。安全属性包括认证性、机密性、完整性、不可否认性、公平性、匿名性、可用性和可控性等。下面简要介绍主要的安全属性。

（1）认证性

认证是用来识别身份并获取对人或事信任的一种方法，是最重要的安全性质之一，很多安全应用的实现都依赖于该性质。认证包括身份认证和数据源认证。

身份认证是对通信主体的身份进行识别的过程。身份认证可以是单向的也可以是双向的。单向身份认证是指在协议交互过程中一方向另一方进行认证；双向身份认证是指在协议交互过程中双方相互认证。数据源认证是指对消息的声称源地址与其真实的源地址是否一致所做的认证。

（2）机密性

机密性也称秘密性，其目的是保护协议消息不被泄露给未授权的人。保证协议信息机密性最直接的方法是加密，将消息从明文变成密文，并且在没有密钥的情况下是无法解密消息的。加密有对称加密体制和非对称加密体制两种。

（3）完整性

完整性的目的是保证协议消息在传输或存储过程中不被非法篡改、删除或替换。实现完整性最常用的方法是封装和签名，即用加密或散列函数产生一个消息的摘要附在传送消息后，作为验证消息完整性的凭证。

（4）不可否认性

不可否认性是电子商务协议的一个重要性质。协议主体必须对其行为负责，不能也无法事后抵赖。不可否认协议的目标有两个：确认发送方非否认和确认接收方非否认。主体提供的证据通常以签名消息的形式出现，从而将消息与消息的发送者进行了绑定。

2.6.2 安全协议的缺陷分析

安全协议是许多分布式系统安全的基础，确保这些协议的安全运行极其重要。在多数情况下，安全协议中仅需传递较少的消息，每一个消息都须经过巧妙设计，消息之间相互作用和制约，并且安全协议中使用了多种不同的密码体制，同时，安全协议的运行环境也比较复杂，这些导致目前的许多安全协议存在安全缺陷。

总体来说，造成安全协议存在缺陷的原因有两个：一是设计协议时的不规范或疏忽；二是设计者对协议在实际运行环境下的安全需求研究不足。

尽管设计者在设计协议时会尽可能避免错误，但是，安全协议在实际应用过程中仍会出现各种缺陷，产生的原因也各不相同，所以，很难有一种通用的分类方法将安全协议的安全缺陷进行分类。根据安全协议缺陷产生的原因和相应的攻击方法，Gritzalis 和 Spinellis 将安全缺陷分成以下 6 类。

① 基本协议缺陷：是指在协议设计中没有或很少防范攻击者而产生的缺陷。

② 口令/密钥猜测缺陷：这类缺陷产生的原因是用户从一些常用的词中选择其口令，从而导致攻击者能够进行口令猜测攻击；或者是由于选取了不安全的伪随机数生成算法构造密钥，从而使攻击者能够恢复出该密钥。

③ 陈旧消息缺陷：是指在协议设计中没有充分考虑消息的新鲜性，使得攻击者能够进行消息重放攻击，包括消息源的攻击和消息目的的攻击等。

④ 并行会话缺陷：是指由于协议对并行会话攻击缺乏防范，从而使得攻击者能够通过交换适当的协议信息获取所需要的信息。根据协议中主体的角色是单一角色还是多重角色，此类缺陷可分为并行会话单一角色缺陷和并行会话多重角色缺陷两类。

⑤ 内部协议缺陷：是指由于协议的可达性存在问题，使得协议参与者中至少一方不能够完成所有必需的动作而导致的缺陷。

⑥ 密码系统缺陷：是指由协议中所使用的密码算法导致协议不能完全满足所要求的认证性、机密性等安全需求而产生的缺陷。

2.6.3 安全协议的分析方法

安全协议的分析方法可分为攻击检测方法和形式化分析方法两种。

攻击检测方法是指利用已知的各种可能的攻击方法对安全协议进行攻击，根据攻击的实际效果来检验协议的安全性。攻击检测方法的优点是协议安全性的分析简单有效，关键在于攻击方法的选择；缺点是无法对未知类型的攻击方法进行检测。

形式化分析方法是指采用一种正规、标准的方法对安全协议进行分析，以检查协议是否满足其安全目标。目前，安全协议的形式化分析方法主要有三类：第一类是推理构造方法，其特征是有一个由推理规则、公理、语义模型和计算模型等部分组成的逻辑系统，该方法运用逻辑系统从用户接收和发送的消息出发，通过一系列的推理公理证明协议是否满足其安全目标，BAN 逻辑和 BAN 类逻辑是该类方法的典型代表。第二类是攻击构造方法，其特征是从协议的初始状态出发，对合法主体和攻击者的所有可能路径进行穷尽搜索，以期找到协议可能存在的错误，此类方法通常需要利用自动工具来完成。第三类是证明构造方法，该方法的主要思想是针对协议设计新的模型，并提出有效的分析理论和方法。

参考文献

[1] GOLDREICH O. Foundations of cryptography: basic tools [M]. Cambridge: Cambridge University Press, 2001.

[2] 孙淑玲. 应用密码学 [M]. 北京：清华大学出版社，2004.

[3] SILVERMAN J H, PIPHER J, HOFFSTEIN J. An introduction to mathematical cryptography [M]. New York: Springer-Verlag, 2008.

[4] 陈少真. 密码学教程 [M]. 北京：科学出版社，2012.

[5] STINSON D R. 密码学原理与实践 [M]. 3 版. 冯登国，译. 北京：电子工业出版社，2013.

[6] FOROUZAN B A. 密码学与网络安全 [M]. 马振晗，贾军保，译. 北京：清华大学出版社，2009.

[7] DIFFIE W, HELLMAN M. New directions in cryptography [J]. IEEE transactions on

information theory, 1976, 22 (6): 644-654.

[8] MENEZES A J, VANSTONE S A, VANOORSCHOT P C. Handbook of applied cryptography [M]. Boca Raton: CRC Press, 1996.

[9] MAO W B. Modern cryptography: theory and practice [Z]. Prentice Hall professional technical reference, 2003.

[10] GOLDWASSER S, MICALI S, RACKOFF C. The knowledge complexity of interactive proof-systems [C] //Proceedings of the 17th Annual ACM Symposium on Theory of Computing. NewYork: ACM, 1985: 291-304.

[11] FIEGE U, FIAT A, SHAMIR A. Zero knowledge proofs of identity [C] //Proceedings of the 19th Annual ACM Symposium on Theory of Computing. NewYork: ACM, 1987: 210-217.

[12] QUISQUATER J J, GUILLOU L, BERSON T. How to explain zero-knowledge protocols to your children [C] //Proceedings of CRYPTO' 89, LNCS 435. Berlin: Springer-Verlay, 1990: 628-631.

[13] BRASSARD G, CREPEAU C. Sorting out zero-knowledge [C] //Proceedings of EUROCRYPT' 89, LNCS 434. Berlin: Springer-Verlay, 1990: 181-191.

[14] GOLDREICH O, OREN Y. Definitions and properties of zero-knowledge proof systems [J]. Journal of cryptology, 1994, 7 (1): 1-32.

第 3 章

格密码

本章介绍格理论的相关知识，包括格的基本概念、格上的一些困难问题及格上的基本算法，为后面的内容奠定坚实的基础。

3.1 格的基本概念

格是几何空间中按照一定规则排列的无穷点的集合，下面给出格及其他相关的一些定义。

定义 3-1 设 b_1，b_2，…，b_m 是 $\mathbb{Z}^n$ 中 m 个线性无关的向量（$n \geqslant m$），$\mathbb{Z}$ 表示整数集，则由 b_1，b_2，…，b_m 的线性组合所构成的集合称为 n 维整数格[1]，即：

$$\Lambda = \mathcal{L}(b_1, b_2, \cdots, b_m) = \{y \in \mathbb{Z}^m \mid y = \sum_{i=1}^{m} c_i b_i, \ c_i \in \mathbb{Z}\} 。 \tag{3-1}$$

其中，矩阵 $\boldsymbol{B} = (b_1, b_2, \cdots, b_m) \in \mathbb{Z}^{n \times m}$ 称为格 Λ 的一个基，m 称为格 Λ 的秩，n 称为格 Λ 的维数。当 $m = n$ 时，称 Λ 为 n 维满秩格。

格 Λ 的行列式可表示为 $\det(\Lambda)$，它是 n 维空间中由格 Λ 的基向量所生成的平行多面体 $P(\boldsymbol{B})$ 的体积。对于 n 维满秩整数格，我们有 $\det(\Lambda) = \sqrt{\det(\boldsymbol{B}^T \boldsymbol{B})}$。

定义 3-2 给定基矩阵为 $\boldsymbol{B}$ 的格 Λ，则由与格 Λ 中向量内积均为整数的向量所构成的集合称为 Λ 的对偶格 Λ^*，即：

$$\Lambda^* = \{x \in \mathbb{Z}^n \mid \forall y \in \Lambda, \langle x, y \rangle \in \mathbb{Z}\} 。 \tag{3-2}$$

定义 3-3　设向量 $B=(b_1, b_2, \cdots, b_m)\in \mathbb{Z}^{n\times m}$ 是格 Λ 的基矩阵，则由 Gram-Schmidt 正交化过程可得到 B 的正交向量组 $B^*=(b_1^*, b_2^*, \cdots, b_m^*)\in \mathbb{Z}^{n\times m}$，令 $b_1^*=b_1, b_i^*=b_i-\sum_{j=1}^{i-1}\mu_{i,j}b_j^*$，其中，$\mu_{i,j}=\dfrac{\langle b_i, b_j^*\rangle}{\langle b_j^*, b_j^*\rangle}$，$1\leqslant j<i\leqslant m$。

定义 3-4　给定正整数 $q, m, n\in\mathbb{Z}$，q 是素数，矩阵 $\boldsymbol{A}\in\mathbb{Z}_q^{n\times m}$，可定义如下形式的两个 m 维的 q 模格：

$$\Lambda_q(\boldsymbol{A})=\{x\in\mathbb{Z}^m \mid \exists y\in\mathbb{Z}^n, \boldsymbol{A}^T y = x\bmod q\}, \tag{3-3}$$

$$\Lambda_q^{\perp}(\boldsymbol{A})=\{x\in\mathbb{Z}^m \mid \boldsymbol{A}x = 0\bmod q\}。 \tag{3-4}$$

给定向量 u，定义 n 维向量空间 $\Lambda_q^u(\boldsymbol{A})=\{x\in\mathbb{Z}^m \mid \boldsymbol{A}x=u\bmod q\}$。若 $z\in\Lambda_q^u(\boldsymbol{A})$，则有 $\Lambda_q^u(\boldsymbol{A})=\Lambda_q^{\perp}(\boldsymbol{A})+z$，可知，$\Lambda_q^u(\boldsymbol{A})$ 由 $\Lambda_q^{\perp}(\boldsymbol{A})$ 平移得到。

定义 3-5　一个理想格[2] 是一个满足 $\mathcal{L}(\boldsymbol{B})=\{g\bmod f: g\in I\}$ 的整数格 $\mathcal{L}(\boldsymbol{B})\in\mathbb{Z}^n$，其中，$f$ 是在环 $\mathbb{Z}[x]$ 上首项系数为 1 的 n 次多项式，I 是环 $\mathbb{Z}[x]/\langle f\rangle$ 上由 g 生成的理想。

定义 3-6　设基本常数 $\lambda_1, \lambda_2, \cdots, \lambda_m$ 是与任意秩为 m 的格 Λ 相关的连续最小量[3]，则 $\lambda_i(\Lambda)$ 是包含格 Λ 中 i 个线性无关向量的以原点为中心的最小球的半径长度，即：

$$\lambda_i(\Lambda)=\inf\{r: \dim(span(\Lambda\cap B(0, \mathrm{r})))\geqslant \mathrm{i}\}。 \tag{3-5}$$

其中，$B(0, r)=\{x\in\mathbb{R}^n: \|x\|<r\}$ 是 n 维空间中以原点为中心、以 r 为半径的球。从定义 3-6 中可以看出，λ_1 就是格 Λ 中最短向量的长度，并有 $\lambda_1\leqslant\lambda_2\leqslant\cdots\leqslant\lambda_m$。此外，连续最小量也可以如同范数那样进行定义。

定义 3-7　可数集 A 上两个离散随机变量 X 和 Y 之间的统计距离为：

$$\Delta(X, Y)=\frac{1}{2}\sum_{s\in A}|\Pr\{X=s\}-\Pr\{Y=s\}|。 \tag{3-6}$$

另外，对于随机函数 $f(X)$ 和 $f(Y)$，我们有 $\Delta(f(X), f(Y))\leqslant\Delta(X, Y)$。

3.2　高斯分布

格上的高斯分布可用来分析格的性质，同时也是进行格公钥密码方案分析与设计的一个重要工具[4-8]，下面将介绍其定义和有关性质。

定义 3-8　设 $s>0$，对于任意 n 维向量 $x, c\in\mathbb{Z}^n$，令 $\rho_{s,c}(x)=e^{-\pi\|(x-c)/s\|^2}$

是以 c 为中心、s 为因子的高斯函数。对于任意 n 维向量的集合 $A \in \mathbb{Z}^n$，则其高斯函数为 $\rho_{s,c}(A) = \sum_{x \in A} \rho_{s,c}(x)$。

定义 3-9 设实数 $s > 0$，对于任意 n 维向量 $c \in \mathbb{Z}^n$ 和格 Λ，定义格 Λ 上的离散高斯分布 $D_{\Lambda,s,c}(x) = \dfrac{\rho_{s,c}(x)}{\rho_{s,c}(\Lambda)}$，其中，$\forall x \in \Lambda$。

格 Λ 上离散高斯分布的几何意义在于，在高斯分布 $D_{\Lambda,s,c}(x)$ 下，格 Λ 上所有点到中心点 c 的距离接近于 $s\sqrt{n/2\pi}$。

定义 3-10 给定一个 n 维格 Λ 和实数 $\varepsilon > 0$，则其平滑参数 $\eta_\varepsilon(\Lambda)$ 为满足 $\rho_{1/s}(\Lambda^* \setminus \{0\}) \leqslant \varepsilon$ 的最小值 s。

这里，$\rho_{1/s}(\Lambda^* \setminus \{0\}) \leqslant \varepsilon$ 是一个关于 s 的连续递减函数。可以看出，当 $s \to 0$ 时，$\lim \rho_{1/s}(\Lambda^* \setminus \{0\}) = \infty$；当 $s \to \infty$ 时，$\lim \rho_{1/s}(\Lambda^* \setminus \{0\}) = 0$。

关于格上的平滑参数有如下定理。

定理 3-1 对于实数 $\varepsilon = 2^{-n}$ 和任意 n 维格 Λ，有 $\eta_\varepsilon(\Lambda) \leqslant \sqrt{n}/\lambda_1(\Lambda^*)$。

定理 3-2 对于实数 $\varepsilon > 0$ 和任意 n 维格 Λ，有 $\eta_\varepsilon(\Lambda) \leqslant \lambda_n(\Lambda)\sqrt{\dfrac{\ln(2n(1+1/\varepsilon))}{\pi}}$。

特别地，对任意函数 $\omega(\log n)$，存在一个可以忽略的函数 $\varepsilon(n)$ 满足 $\eta_\varepsilon(\Lambda) \leqslant \lambda_n(\Lambda)\sqrt{\omega(\log n)}$。

格上的高斯分布有如下性质，下面将给出具体的定义。

定理 3-3 对于任意 $\varepsilon > 0, c \in \mathbb{R}^n$ 及格 Λ，在 $D_{s,c} \bmod P(B)$ 与 $P(B)$ 上均匀分布之间的统计距离最大值为 $\frac{1}{2}\rho_{1/s}(\Lambda^* \setminus \{0\})$。特别地，对于任意 $\varepsilon > 0$ 和任意 $s \geqslant \eta_\varepsilon(\Lambda)$，其统计距离满足如下条件：

$$\Delta(D_{s,c} \bmod P(B),\ U(P(B))) \leqslant \varepsilon/2 \text{。} \tag{3-7}$$

定理 3-4 对于任意 n 维格 Λ，向量 $c \in \mathbb{R}^n$，当 $0 < \varepsilon < 1$ 和 $s \geqslant 2\eta_\varepsilon(\Lambda)$ 时，我们有：

$$\left\| \operatorname*{Exp}_{x \sim D_{\Lambda,s,c}} [x - c] \right\|^2 \leqslant \left(\frac{\varepsilon}{1-\varepsilon}\right)^2 s^2 n \text{，} \tag{3-8}$$

$$\operatorname*{Exp}_{x \sim D_{\Lambda,s,c}} [\|x - c\|^2] \leqslant \left(\frac{1}{2\pi} + \frac{\varepsilon}{1-\varepsilon}\right) s^2 n \text{。} \tag{3-9}$$

定理 3-5 对于任意 n 维格 Λ，向量 $c \in \mathbb{R}^n$，当 $0 < \varepsilon < 1$ 和 $s \geqslant 2\eta_\varepsilon(\Lambda)$ 时，我们有：

$$\Pr_{x \sim D_{\Lambda, s, c}} \{ \|x - c\| > s\sqrt{n} \} \leqslant \frac{1+\varepsilon}{1-\varepsilon} \cdot 2^{-n}。 \tag{3-10}$$

定理3-6 对于秩为 k 的任意 n 维格 Λ，向量 $c \in \mathbb{R}^n$，当 $0 < \varepsilon < \exp(-4\pi)$ 和 $s \geqslant \eta_\varepsilon(\Lambda)$ 时，对任意 $x \in \Lambda$，我们有：

$$D_{\Lambda, s, c}(x) \leqslant \frac{1+\varepsilon}{1-\varepsilon} \cdot 2^{-k}, \tag{3-11}$$

并且格上高斯分布 $D_{\Lambda, s, c}(x)$ 的最小熵不小于 $k-1$。

3.3 格上困难问题

公钥密码方案的安全性证明是保证方案安全性的基础。在证明方案的安全性时，我们通常假设存在一个攻击者，它能够攻破该方案，那么，我们就可以利用它来解决一个困难问题。然而，这些困难问题往往是 NP 问题，也就是说，不存在概率多项式时间算法能够解决该问题。这就与我们的假设相矛盾，从而可以得出该攻击者是不存在的，因而方案是安全的。格上困难问题是用来证明基于格的公钥密码方案安全性的基础，通过将方案的安全性规约到相应的困难问题，从而实现方案安全性的证明。下面我们就来介绍格上的困难问题。

定义3-11 给定格 Λ 的一个基 $B = (b_1, b_2, \cdots, b_m) \in \mathbb{Z}^{n \times m}$，最短向量问题 SVP[9] 是指寻找格 Λ 上的一个非零向量 Bx，满足对于所有的非零向量 $y \in \mathbb{Z}^m$，有 $\|Bx\| \leqslant \|By\|$ 成立。

定义3-12 给定格 Λ 的一个基 $B = (b_1, b_2, \cdots, b_m) \in \mathbb{Z}^{n \times m}$ 和任意一个向量 $c \in \mathbb{Z}^n$，最近向量问题 CVP[10] 是指：寻找格 Λ 上的一个非零向量 Bx，满足对于所有的非零向量 $y \in \mathbb{Z}^m$，有 $\|Bx - c\| \leqslant \|By - c\|$ 成立。

定义3-13 给定格 Λ 的一个基 $B = (b_1, b_2, \cdots, b_m) \in \mathbb{Z}^{n \times m}$ 和有理数 $\gamma > 1$，近似最短向量问题 SVP_γ [11]是指：寻找格 Λ 上的一个非零向量 Bx，满足对于所有的非零向量 $y \in \mathbb{Z}^m$，有 $\|Bx\| \leqslant \gamma \|By\|$ 成立。

定义3-14 给定格 Λ 的一个基 $B = (b_1, b_2, \cdots, b_m) \in \mathbb{Z}^{n \times m}$、任意一个向量 $c \in \mathbb{Z}^n$ 和有理数 $\gamma > 1$，近似最近向量问题 CVP_γ [11]是指：寻找格 Λ 上的一个非零向量 Bx，满足对于所有的非零向量 $y \in \mathbb{Z}^m$，有 $\|Bx - c\| \leqslant \gamma \|By - c\|$ 成立。

定义3-15 给定格 Λ 的一个基 $B = (b_1, b_2, \cdots, b_m) \in \mathbb{Z}^{n \times m}$ 和有理数 d，

判定性近似最短向量问题 $GAPSVP_\gamma$ 是指：如果 $\lambda_1(B) \leqslant d$，则输出 YES；如果 $\lambda_1(B) > \gamma(m)d$，则输出 NO。

定义 3-16 给定格 Λ 的一个基 $B = (b_1, b_2, \cdots, b_m) \in \mathbb{Z}^{n\times m}$、任意一个向量 $c \in \mathbb{Z}^n$ 和有理数 d，判定性近似最近向量问题 $GAPCVP_\gamma$ 是指：如果 $\mathrm{dist}(c, \mathcal{L}(B)) \leqslant d$，则输出 YES；如果 $\mathrm{dist}(c, \mathcal{L}(B)) > \gamma(m)d$，则输出 NO。

定义 3-17 给定格 Λ 的一个基 $B = (b_1, b_2, \cdots, b_m) \in \mathbb{Z}^{n\times m}$ 和有理数 γ，近似最短线性无关向量问题 $SIVP_\gamma$ 是指：输出 m 个线性无关向量的集合 S，满足 $\|S\| \leqslant \gamma(n)\lambda_n(B)$，其中，$\|S\|$ 为集合 S 中最长向量的长度。

定义 3-18 给定素数 q，正实数 $\beta > 0$ 和随机矩阵 $\boldsymbol{A} \in \mathbb{Z}_q^{n\times m}$，小整数解问题 SIS 是指：寻找一个非零向量 $x \in \mathbb{Z}^m$，满足 $\boldsymbol{A}x = 0 \bmod q$ 且 $\|x\| \leqslant \beta$。

定义 3-19 给定素数 q，正实数 $\beta > 0$、随机矩阵 $\boldsymbol{A} \in \mathbb{Z}_q^{n\times m}$ 和向量 $u \in \mathbb{Z}_q^n$，非齐次小整数解问题 ISIS 是指：寻找一个非零向量 $x \in \mathbb{Z}^m$，满足 $\boldsymbol{A}x = u \bmod q$ 且 $\|x\| \leqslant \beta$。

定义 3-20 给定素数 q、随机矩阵 $\boldsymbol{A} \in \mathbb{Z}_q^{n\times m}$、向量 $u \in \mathbb{Z}_q^n$ 和 $\mathbb{Z}_q$ 上的差错分布 χ，误差 e 服从 $\mathbb{Z}_q^n$ 上的概率分布 χ，搜索型 LWE 问题是指：寻找满足 $u = \boldsymbol{A}s + e \bmod q$ 的向量 s；判定型 LWE 问题是指：给定 $(\boldsymbol{A}, u)$，判定向量 u 是由 $u = \boldsymbol{A}s + e \bmod q$ 计算得到的，还是从 $\mathbb{Z}_q^n$ 上随机均匀选取的。

参考文献［12］指出，如果选取合适的参数 q 和差错分布 χ，则 LWE 问题的困难性与最坏情况下的 GAPSVP 问题和 SIVP 问题相同。此外，参考文献［13］指出，从 SVP 问题到 LWE 问题的规约方法，以及从最坏情况下的搜索型 LWE 问题到一般情况下的判定型 LWE 问题的规约。

3.4 格上相关算法

本节将介绍格上的基本算法，它们是设计基于格的密码方案的基础。分析与掌握这些算法，对研究新的算法并进行基于格的密码方案的设计具有十分重要的作用和意义。

定理 3-7 存在概率多项式时间的陷门生成算法 TrapGen[14]，输入整数 $q \geqslant 2$ 和 $m \geqslant 5n\log q$，该算法在多项式时间内输出 $\boldsymbol{A} \in \mathbb{Z}_q^{n\times m}$ 和格 $\Lambda_q^\perp(\boldsymbol{A})$ 的一个短基 $B \in \mathbb{Z}_q^{m\times m}$，矩阵 $\boldsymbol{A}$ 在 $\mathbb{Z}_q^{n\times m}$ 上接近于均匀分布，且有 $\|B_A\| \geqslant O(\sqrt{n\log q})$。

在介绍高斯抽样算法之前，我们先引入一个子程序 SampleD，它从一维整数格的离散高斯分布上进行抽样。

算法 SampleD 按如下方式执行。

令 $t(n) \geqslant \omega(\sqrt{\log n})$ 是一个固定函数，输入 (s, c) 和安全参数 n，均匀随机地选择一个整数 $\mathbb{Z} \cap [c - s \cdot t, c + s \cdot t] \to x$，然后以概率 $\rho_s(x - c)$ 输出 x，否则，重复上述过程。

定理 3-8　对于任意的 $0 < \varepsilon < 1/2$，$s \geqslant \eta_\varepsilon(\mathbb{Z})$，输入安全参数 n 和 (s, c)，算法 SampleD 在运行多项式时间 n 后，其输出的分布在统计上接近 $D_{\mathbb{Z}, s, c}$。

算法 SampleD 也可用于任意格上离散高斯分布的抽样。当输入一个秩为 k 的 n 维基 $B \in \mathbb{Z}^{n \times k}$ 时，一个大的高斯参数 s，中心 $c \in \mathbb{R}^n$，它输出一个分布接近 $D_{\mathcal{L}(B), s, c}$ 的抽样。该算法按如下方式执行。

① 如果 $k = 0$，算法返回 0。

② 计算 $\tilde{b}_k$，它是由与 b_k 线性无关的向量 $(b_1, b_2, \cdots, b_{k-1})$ 所张成的空间 $\mathrm{span}(b_1, b_2, \cdots, b_{k-1})$。

③ 计算 t，它等于中心 c 到 $\mathrm{span}(B)$ 的投影距离，以及 $t' = \langle t, \tilde{b}_k \rangle / \langle \tilde{b}_k, \tilde{b}_k \rangle$ 的值。

④ 选取一个整数 $D_{\mathbb{Z}, s/\|\tilde{b}_k\|, t} \to z$，然后执行算法 SampleD 从一维整数格 $\mathbb{Z}$ 的离散高斯分布上进行抽样。

⑤ 利用递归输出 $zb_k + \mathrm{SampleD}(B', s, t - zb_k)$，其中，$B' = (b_1, b_2, \cdots, b_{k-1})$。

定理 3-9　对于任意的格基 $B \in \mathbb{Z}^{n \times k}$，任意的正数 $s\|B\| \cdot \omega(\sqrt{\log n})$，任意向量 $c \in \mathbb{R}^n$，算法 $\mathrm{SampleD}(B, s, c)$ 输出与 $D_{\mathcal{L}(B), s, c}$ 在可忽略的统计距离内的抽样分布。

原像抽样函数广泛应用于各种基于格的密码方案的构造中，它由 Gentry、Peikert 和 Vaikuntanathan[15] 提出。原像抽样函数由 3 个概率多项式时间算法（TrapGen、SampleDom、SamplePre）组成，具体描述如下。

① $\mathrm{TrapGen}(1^n)$：该算法输出 (a, t)，其中，$f_a: D_n \to R_n$ 是一个单向函数，t 是函数 f_a 的陷门信息。

② $\mathrm{SampleDom}(1^n)$：该算法在域 D_n 的随机分布上抽取 x，则 $f_a(x)$ 在 R_n 上是均匀分布的。

③ SamplePre(t, y)：对于任意的 $y \in R_n$，利用陷门信息 t，该算法可以得到函数 $f_a(x) = y$ 的原像 x。

参考文献［16］中提出了盆景树技术，该技术包含格基扩展算法 ExtBasis 和格基随机化算法 RandBasis。

定理 3-10 给定矩阵 $\boldsymbol{A} \in \mathbb{Z}_q^{n \times m}$ 和 $\bar{\boldsymbol{A}} \in \mathbb{Z}_q^{n \times \bar{m}}$，令 $S \in \mathbb{Z}^{m \times m}$ 是 $\Lambda_q^{\perp}(\boldsymbol{A})$ 的任意一个基，则存在一个确定性多项式时间算法 ExtBasis(S, $\boldsymbol{A}' = \boldsymbol{A} \| \bar{\boldsymbol{A}}$，它输出 $\Lambda_q^{\perp}(\boldsymbol{A}')$ 的一个基 S'，满足 $\|\tilde{S}'\| = \|\tilde{S}\|$，其中，$\tilde{S}'$ 和 $\tilde{S}$ 分别表示 S' 和 S 经过 Gram-Schmidt 正交化过程所得到的正交向量组。

定理 3-11 给定 m 维整数格 Λ 的基 S 和参数 $s \geqslant \|\tilde{S}\| \cdot \omega(\sqrt{\log n})$，则存在一个概率多项式时间算法 RandBasis(S, s)，它输出格 Λ 的一个基 S'，且有 $\|S'\| \leqslant s \cdot \sqrt{m}$。

定理 3-12 设 Λ 是一个 m 维格，给定 Λ 的任意一个基和 Λ 上的一个秩为 m 的矩阵 $\boldsymbol{S} = (s_1, s_2, \cdots, s_m)$，则存在一个确定性多项式时间算法[10]，它输出 Λ 的一个基 T 且满足 $\|\tilde{T}\| \leqslant \|\tilde{\boldsymbol{S}}\|$，$\|T\| \leqslant \|\boldsymbol{S}\|\sqrt{m}/2$。

参考文献

［1］CAI J Y, CUSICK T W. A lattice-based public-key cryptosystem［J］. Information and computation, 1999, 151（12）: 17-31.

［2］LYUBASHEVSKY V, MICCIANCIO D. Generalized compact knapsacks are collision resistant［C］//Proceedings of International Colloquium on Automata, Languages, and Programming, LNCS 4052. Berlin: Springer-Verlay, 2006: 144-155.

［3］MICCIANCIO D, GOLDWASSER S. Complexity of lattice problems: a cryptographic perspective［M］. The Kluwer International Series in Engineering and Computer Science. Newell: Kluwer Academic Publishers, 2002.

［4］PEIKERT C, ROSEN A. Efficient collision-resistant hashing from worst-case assumptions on cyclic lattices［C］//Proceedings of the Third Theory of Cryptography Conference, LNCS 3876. Berlin: Springer-Verlay, 2006: 145-166.

［5］MICCIANCIO D, REGEV O. Worst-case to average-case reductions based on Gaussian measures［J］. SIAM journal on computing, 2007, 37（1）: 267-302.

［6］AGRAWAL S, BONEH D, BOYEN X. Efficient lattice（H）IBE in the standard model［C］//

Proceedings of 29th Annual International Conference on the Theory and Applications of Cryptographic Techniques, LNCS 6110. Berlin: Springer-Verlay, 2010: 553-572.

[7] AGRAWAL S, BONEH D, BOYEN X. Lattice basis delegation in fixed dimension and shorter-ciphertext hierarchical IBE [C] //Proceedings of the 30th Annual Cryptology Conference, LNCS 6223. Berlin: Springer-Verlay, 2010: 98-115.

[8] BONEH D, FREEMAN D M. Linearly homomorphic signatures over binary fields and new tools for lattice-based signatures [C] //Proceedings of 14th International Conference on Practice and Theory in Public Key Cryptograph, LNCS 6571. Berlin: Springer-Verlay, 2011: 1-16.

[9] AJTAI M. The shortest vector problem in L2 is NP-hard for randomized reductions [C] // Proceedings of the Thirtieth Annual ACM Symposium on Theory of Computing. New York: AMC, 1998: 10-19.

[10] BOAS P. Another NP-complete problem and the complexity of computing short vectors in a lattice [R] . Technical Report 8104, Mathematische Instituut, Universiry of Amsterdam, 1981.

[11] MICCIANCIO D. Generalized compact knapsacks, cyclic lattices, and efficient one-way functions [J] . Computational complexity, 2007, 16 (4): 365-411.

[12] REGEV O. On lattices, learning with errors, random linear codes, and cryptography [C] // Proceedings of the Thirty-Seventh Annual ACM Symposium on Theory of Computing. New York: AMC, 2005: 84-93.

[13] PEIKERT C. Public-key cryptosystems from the worst-case shortest vector problem [C] // Proceedings of the Forty-First Annual ACM Symposium on Theory of Computing. New York: AMC, 2009: 333-342.

[14] ALWEN J, PEIKERT C. Generating shorter bases for hard random lattices [J] . Theory of computing systems, 2011, 48 (3) : 535-553.

[15] GENTRY C, PEIKERT C, VAIKUNTANATHAN V. Trapdoors for hard lattices and new cryptographic constructions [C] //Proceedings of the 40th Annual ACM Symposium on Theory of Computing. New York: AMC, 2008: 197-206.

[16] CASH D, HOFHEINZ D, KILTZ E, et al. Bonsai trees, or how to delegate a lattice basis [C] //Proceedings of the 29th Annual International Conference on the Theory and Applications of Cryptographic Techniques on Advances in Cryptology-EUROCRYPT 2010, LNCS 6110. Berlin: Springer-Verlag, 2010: 523-552.

第4章
可证明安全理论

可证明安全理论是在一定的攻击模型下证明密码方案或协议能够达到特定安全目标的一种公理化研究方法，其实质是安全“极微本原”的存在。攻击方案或协议本质上就是解决“极微本原”。本章主要介绍可证明安全理论的基本概念、困难问题假设、安全模型及随机预言机模型等内容。

4.1 基本概念

对多数安全协议来说，在提出一种安全协议后基于某种假设给出其安全性论断。如果在较长时间内不能破译这个协议，则它的安全性论断就被人们广泛接受。不过一段时间后可能发现某些安全漏洞，于是就对协议做一些修改，然后再继续使用。这样的设计方法存在一些问题。新的分析技术的提出时间是不确定的，在任何时候都有可能提出新的分析技术，这种做法使人们很难确信协议的安全性，反反复复的修补更增加了人们对安全性的担心。可证明安全理论就是针对上述问题而提出的一种解决方案。

1982年，Goldwasser和Micali[1] 提出了可证安全的架构。现代密码学假设攻击者具有有限的资源和能力，因此，可证安全不是基于信息理论而是基于计算复杂性理论。一般而言，可证明安全性是指一种归约方法。它首先确定密码方案的安全目标，如加密方案的安全目标是确保信息的机密性，签名方案的安全目标是确保签名的不可伪造性；然后根据攻击者的能力构建一个形式化的安全模型，对某个基于“极微本原”[2] 的特定方案，根据这个模型利用归约论断分析这个方案；最后指出如果能成功攻击这个方案，则能解决“极微本原”。这里所说的“极微本原”通常是指方案的最基本的组成部分，如基础密码算法和数学难题等。因此，可证明安全性就是在一定的安全模型下证明方案能够达到特定的安全目标。在对密码方案或协议的规约证明过程中，需要明确以下 3 个部分。

① 困难问题假设：困难问题假设是指人们普遍假设有一些数学问题在多项式时间内求解的概率是可忽略的。目前，使用较多的困难问题包括大整数分解问题、离散对数问题和一些基于双线性对的（如计算 Diffie-Hellman）问题等。

② 安全模型：在可证安全框架下，一个方案的安全模型往往需要从两个方面定义：攻击者的攻击目的和攻击能力。攻击目的定义了攻击者攻击成功的条件，攻击行为描述了攻击者为了达到攻击目的所采取的行动。若攻击者在某种攻击行为下无法达到其预期攻击目的，那么，方案就被认为满足在这种攻击下这种攻击目的的安全性。

③ 规约过程：可证安全中的技巧体现在如何利用攻击者的攻击能力去构造一个算法，求出一个数学难题的解。这个过程需要比较高的技巧，其本质是首先把方案的安全性规约到一个困难问题假设，然后利用攻击者攻破方案的能力给出困难问题的一个求解实例，造成与困难问题假设的矛盾。

Goldwasser 和 Micali 的成果标志着人类对公钥密码系统安全性的认识提高到了一个崭新的高度，更正了人们对公钥密码安全性方面的一个错误观念，即攻击者对密码方案的破解方式不仅仅限于完全攻击，因而密码系统的安全必须做到比特级别的安全。同时，他们的成果也开创了人们采用形式化的方法来审视公钥密码体制安全性的先河，从而使公钥密码体制的可证安全性得到了广泛的研究。

语义安全虽然使人们对公钥密码系统安全性的认识进了一步，但是在这个概念中，还是只将攻击者定位在被动攻击的行为上。1990 年，Naor 和 Yung[3] 引入了不可区分选择密文攻击（IND-CCA）安全的概念。在这个概念中，攻击者可以选择自己需要的密文，并得到解密服务，产生相应的明文，即攻击者可以实施选择密文攻击。事实上，在现实世界中，有些应用软件中的加解密服务对用户是透明的，因此，用户在不知情的情况下为攻击者提供解密服务是很常见的事情。从非形式化的角度而言，不可区分选择密文攻击安全是指当攻击者自认为已经获得足够多的解密服务，在掌握了足够的破译经验后的某一天，他截获了一条其感兴趣的密文 c，其知道 c 是两个等长明文 m_0 和 m_1 之一所对应的密文，那么，该攻击者利用任何概率多项式时间算法来判断 c 是由哪一个明文加密而得到的密文，与“抛币”的方法来猜测相比较，其正确的概率“几乎”一样，或者用他们论文中的说法，就是其获得的优势是多项式不可区分的。

1991 年，Rackoff 和 Simon[4] 提出了一种更强的安全性概念，不可区分适应性选择密文攻击（IND-CCA2）安全。在这个概念中，攻击者在得到其感兴趣的密文 c 后，还可以继续获得除 c 之外的解密服务。Rackoff 和 Simon 的成果彻底更正了语义安全概念中所认为的攻击者是被动攻击的行为。

形式化证明一个密码方案或协议是安全的，通常采取如下步骤。

① 给出密码方案或协议的形式化定义。

② 给出攻击者模型，也就是攻击者具有的攻击能力和手段。

③ 给出密码方案或协议要达到的安全目标。

④ 通过把攻击者的攻击归约为解决一个数学难题，来得到方案或协议的形式化安全证明。

4.2 安全模型

在可证明安全理论中，安全模型是定义方案安全性的关键，而这些安全模型多是基于密码学概念进行设计和构造的。由于不同方案和协议的安全目标不同，所定义的安全模型也各不相同。下面分别介绍公钥加密方案和数字签名方案的形式化定义和安全模型。

4.2.1 公钥加密方案的形式化定义和安全模型

定义 4-1 一个公钥加密方案由 3 个概率多项式时间算法组成。

① 密钥生成算法 K：输入 1^k（k 是系统安全参数），该算法产生公私钥对 (pk, sk)。

② 加密算法 E：输入消息空间 M 中一个消息 m 和公钥 pk，该算法产生消息 m 对应的密文 c。

③ 解密算法 D：输入密文 c 和私钥 sk，该算法产生 c 对应的明文 m。

对于公钥加密方案而言，其攻击目标可以分为如下几个层次。

① 不可区分性（indistinguishability，IND）：攻击者选择两个长度相等的明

文，加密者随机选择其中一个进行加密并返回密文，攻击者不能以明显大于 1/2 的概率猜测出密文所对应的是哪一个明文。

② 语义安全性（semantic security，SEM）：攻击者在知道密文的情况下，能计算出明文的信息量并不比他在不知道密文的时候多，除了明文的长度。

③ 不可延展性（non-malleable，NM）：攻击者不能以不可忽略的概率将一个密文变换成另一个密文，使得两个密文所对应的明文具有某种联系。

④ 明文可意识性（plaintext-aware，PA）：攻击者不能以一个不可忽略的概率，在不知道相应明文的情况下构造出一个有效的密文。

对于公钥加密方案，可将攻击者的攻击能力分成以下几种类型。

① 选择明文攻击（chosen plaintext attack，CPA）：攻击者可加密所选的任何明文，获得相应的密文。在公钥体制下，攻击者只要知道公钥就可进行这种攻击。

② 非适应性选择密文攻击（non-adaptive chosen ciphertext attack，CCA1）：攻击者在得到挑战密文之前可以进行密文解密询问，以获得相应的明文，但在得到挑战密文后就不能再进行密文解密询问了。

③ 适应性选择密文攻击（adaptive chosen ciphertext attack，CCA2）：攻击者在得到挑战密文前后都可以进行密文解密询问，以获得相应的明文，但在得到挑战密文后，不能询问挑战密文的明文。

对于加密方案的安全目标，不可区分性和语义安全性是等价的。对于加密方案，目前普遍接受的安全性是适应性选择密文攻击下的不可区分性（IND-CCA2），通常所说的选择密文安全就是指 IND-CCA2 安全，所以，具有语义安全的加密方案是指该方案具有 IND-CCA2 安全性。IND-CCA2 安全性的证明可通过一个在挑战者与攻击者之间的游戏来定义。

① 挑战者选择系统安全参数 k ，生成公私钥对 (pk, sk) ，将公钥 pk 公开，而私钥 sk 对攻击者 A 保密。

② 攻击者 A 可以选择密文向挑战者发起一系列解密询问，对于每一个询问，挑战者用私钥解密并将解密结果发送给攻击者 A ，其能够以任意的方式构造这些密文。

③ 攻击者 A 也可以向挑战者发起一系列加密询问。攻击者 A 选择两个长度相同的消息 m_0 和 m_1 交给挑战者，挑战者随机选取 $b \in \{0, 1\}$ ，然后对 m_b 进行加密得到密文 C_b ，并将其发送给攻击者 A 。

④ 攻击者 A 仍然可如同第②步那样，向挑战者提出新的询问，但其不能对目标密文 C_b 进行解密询问。

⑤ 攻击者 A 输出 $b' \in \{0, 1\}$ ，表示其对 b 的猜测，如果 $b' = b$ ，则攻击者 A 赢得游戏。

在该游戏中，攻击者 A 获胜的优势定义为：

$$\mathrm{Adv}(\mathrm{A}) = |\Pr[b' = b] - 1/2| 。\tag{4-1}$$

一个公钥加密方案是适应性选择密文攻击下不可区分的（IND-CCA2），是指对于任意概率多项式时间的攻击者 A ，其优势是可以忽略的。

4.2.2 数字签名方案的形式化定义和安全模型

定义 4-2 一个数字签名方案由 3 个概率多项式时间算法组成。

① 密钥生成算法 K ：输入 1^k（ k 是系统安全参数），该算法产生公私钥对 (pk, sk) 。

② 签名算法 S ：输入消息空间 M 中一个消息 m 和私钥 sk ，该算法产生消息 m 对应的签名 σ 。

③ 验证算法 V ：输入消息 m 、公钥 pk 和签名 σ ，该算法用来验证签名的有效性。

对于数字签名方案而言，其攻击目标可以分为如下几个层次。

① 完全攻破（total break）：攻击者求出了被攻击签名人的签名私钥。

② 一般伪造（universal forgery）：攻击者构造出了一个等效的签名算法，即攻击者可对任何消息进行签名，并且得到的签名可以通过原签名方案的验证计算。

③ 选择性伪造（selective forgery）：攻击者生成了某个事先指定好的消息的有效签名。

④ 存在性伪造（existential forgery）：攻击者至少生成了一个新的消息—签名对。

可以看出，上面所列出的 4 种情况对攻击者的攻破要求是依次降低的。

对于数字签名方案，可将攻击者的攻击能力分成以下几种类型。

① 唯密钥攻击（key-only attack）：攻击者在唯密钥攻击下，只知道签名人的公钥。攻击者攻击时，通过对签名人的公钥进行分析试图求出其对应的签名私钥，从而达到攻破该签名方案的目的。由于签名密钥一般是基于单向函数的安全

性，通常这种攻击很难成功。

② 消息攻击（message attack）：假定攻击者选定签名人 U 作为攻击对象，攻击者在试图攻破一个签名方案之前能够获得一些消息及相应的签名。根据攻击者可以得到消息和签名的不同程度，消息攻击可以分为以下4类：

① 已知消息攻击（plain known message attack）：攻击者可以得到一些消息和对应签名，但其不能自己选择需要的消息及其签名。

② 一般选择消息攻击（generic chosen message attack）：攻击者可以选择一些消息，并得到这些消息对应的合法签名。这些消息可以由攻击者选择，但其一旦选择就固定下来了，并且独立于签名人 U 的公钥。这种选择是非适应性的，在得到任意签名之前，整个消息列表就被事先确定出来了。由于选择的消息不依赖于签名人 U 的公钥，同样的攻击可以针对任何人。这是比较常见的一种非适应性选择消息攻击。

③ 定向选择消息攻击（directed chosen message attack）：攻击者可以针对某个签名人选择一些消息，并可以得到其相应的消息—签名对。消息的选择是在知道被攻击签名人的公钥之后进行的，该攻击主要针对某个特定的签名人，因此，这依然是一种非适应性选择消息攻击。

④ 适应性选择消息攻击（adaptive chosen message attack）：攻击者可以适应性地选择消息和对应的签名，即其不仅可以选择一些消息，并得到相应的消息签名，而且可以根据已经得到的消息—签名对的情况，重新选择一些新的消息及相应签名。

很显然，在上面所列出的几种攻击中，对签名方案的攻击强度是依次增大的。其中，适应性选择消息攻击是目前已知签名攻击中最强的一种攻击，现在人们要求一个安全的签名方案必须能够抵抗这类攻击。对于数字签名方案，普遍接受的安全性是适应性选择消息攻击下的存在性不可伪造（EU-CMA）。EU-CMA安全性的证明也可以通过一个在挑战者与攻击者之间的游戏来定义。

① 挑战者选择系统安全参数 k，生成公私钥对（pk，sk），公钥向伪造攻击者A公开而私钥对其保密。

② 攻击者A可以选择消息进行一系列的签名询问，但不能询问目标消息 m^* 的签名，询问可以是适应性的。

③ 攻击者A输出 σ^* 作为消息 m^* 的伪造签名，若 σ^* 通过验证，则攻击者A就赢得游戏。

在该游戏中，攻击者 A 获胜的优势定义为：

$$\mathrm{Adv}(A) = \Pr[A\ succeeds] 。 \quad (4-2)$$

一个数字签名方案在适应性选择消息攻击下是存在性不可伪造的，是指对于任意概率多项式时间的攻击者 A，其优势是可以忽略的。

4.3 随机预言机模型和标准模型

4.3.1 随机预言机模型

在可证安全过程中，当安全模型建立完成后，根据规约的思想，需要将方案的安全性规约为解决某个困难问题。一般的做法是，先构造一个算法 B 来充当挑战者 C 的角色，将困难问题的一个实例作为算法 B 的输入；之后，算法 B 与攻击者 A 进行多项式时间内的交互，如果攻击者能够攻破该方案，则算法 B 利用攻击者 A 的攻击过程输出困难问题实例的解，导致困难问题假设的矛盾，从而证明方案的安全性。

在证明过程中，为了能够利用攻击者 A 的攻击能力来求解困难问题，如何构造算法 B 是一个很关键的问题。因为算法 B 在和攻击者 A 交互过程中可能并不知道解密密钥或签名密钥，为了能够让攻击者 A 认为是在和一个真正的挑战者 C 进行对话，算法 B 必须找到一种方法，以掩盖其并不知道密钥这一情况，或者说模拟一个真实的攻击环境，能够让攻击者认为在和一个真正的挑战者对话。1993 年，Bellare 和 Rogaway[5] 利用随机预言机模型（random oracle model，ROM）为算法的构造提供了一种较为通用的方法。在证明的过程中，将 Hash 函数认为是随机预言机，任何人都只能通过问询随机预言机来求得 Hash 函数的值，这样通过掌握随机预言机，算法 B 就有可能在提供完全真实的攻击环境下利用攻击者的能力求解困难问题。

确切地说，随机预言机是一个函数，其具有以下几个性质。

① 均匀性：输出的分布是均匀的。

② 确定性：输入相同，输出也相同。

③ 有效性：对于一个输入 x , $H(x)$ 的计算可以在 x 长度的低阶多项式时间内完成。

由于随机预言机模型能够有效地模拟攻击者的各种攻击行为，所以在随机预言机模型下可以比较容易地证明密码方案的安全性，因此，随机预言机模型方法论受到了很多人的青睐。不过随机预言机模型的合法性还是有争议的。Canetti、Goldreich 和 Halevix[6] 认为，密码方案在随机预言机下的安全性与在 Hash 函数下的安全性并没有必然的因果关系。具体说来，存在这样的密码方案，其随机预言机模型下是安全的，但是它们的任何具体实现都是不安全的。这实际上提出了一个反例。不过，Canetti、Goldreich 和 Halevix 也认为，虽然随机预言机模型方法论不能作为密码方案安全的绝对证据，但它仍是有意义的，可用于设计简单而有效的方案，这样的方案可以抵抗许多未知的攻击。Pointcheval[7] 则认为，目前还没有人能提出令人信服的随机预言机模型合法性的反例。另外，就方案的效率来说，在随机预言机模型下安全的方案要远优于在标准模型下安全的方案。因此，虽然随机预言机模型方法论存在一定的缺陷，但其仍然是证明密码方案安全性的有效手段。目前，绝大部分可证明安全性的密码方案都是基于随机预言机模型证明的。

4.3.2　标准模型

随机预言机模型提出后，一直存在着合理性争议，即一个密码方案在随机预言机模型下可证安全并不一定能够保证在实际应用中具体方案的安全，因此，人们更加希望能够构造出高效的密码方案，其安全性证明过程不需要随机预言机。通常人们将这种不需要随机预言机的安全证明模型称为标准模型（standard model）。近年来，如何设计在标准模型下可证安全的密码方案，已成为密码学界的研究热点。

在标准模型下，密码方案的安全性证明过程只依赖于方案所基于的单向陷门函数的困难性、单向 Hash 函数的不可逆性和 Hash 函数在实际应用中可以实现的一些其他特性，而不再依赖于将 Hash 函数理想化的随机预言机。

目前，人们已经提出了一些在标准模型下可证安全的密码方案。比较典型的方案有：1998 年，Cramer 和 Shoup[8] 提出了第一个在标准模型下可证明安全的高效公钥加密方案，该方案所基于的困难假设是判定性 Diffie-Hellman 问题；Boneh 和 Boyen[9] 于 2004 年利用双线性配对构造了一个标准模型下可证明安全的短签名方案；在基于身份的公钥密码体制中，一些学者也相继提出了标准模型下可证明安全的密码方案[10-13]。不过也应该看到，目前，这些密码方案和那些在随机预言机模型下可证安全的同类方案相比，效率还是要低很多。因此，设计在标准模型下即是可证安全的，又是高效的密码方案是现在人们特别关注的研究问题。

参考文献

[1] GOLDWASSER S, MICALI S. Probability encryption and how to play mental poker keeping secret all partial information [C] //Proceedings of 14th ACM Symposium on Theory of Computing. New York: AMC, 1982: 365-377.

[2] 冯登国．可证明安全性理论与方法研究 [J]．软件学报．2005, 16 (10): 1743-1756.

[3] NAOR M, YUNG M. Public-key cryptosystems provably secure against chosen ciphertext attacks [C] //Proceedings of the 22nd Annual ACM Symposium on Theory of Computing. New York: AMC, 1990: 427-437.

[4] RACKOFF C, SIMON D R. Non-interactive zero-knowledge proof of knowledge and chosen ciphertext attack [C] //Proceedings of CRYPTO' 91, LNCS 576. Berlin: Springer-Verlag, 1992: 433-444.

[5] BELLARE M, ROGAWAY P. Random oracles are practical: a paradigm for designing efficient protocols [C] //Proceedings of the 1st ACM Conference on Computer and Communications security. New York: AMC, 1993: 62-73.

[6] CANETTIY R, GOLDREICHZ O, HALEVIX S. The random oracle methodology, revisited [C] //Proceedings of the 30th Annual ACM Symposium on Theory of Computing. New York: AMC, 1998: 209-218.

[7] POINTCHEVAL D. Asymmetric cryptograph and practical security [J]. Journal of telecommunications and information technology, 2002 (4): 41-56.

[8] CRAMER R, SHOUP V. A practical public key cryptosystem provable secure against adaptive chosen ciphertext attack [C] //Proceedings of the 18th Annual International Cryptology Conference on Advances in Cryptology. Berlin: Springer-Verlag, 1998: 13-25.

[9] BONEH D, BOYEN X. Short signatures without random oracles [C] //Proceedings of EUROCRYPT 2004, LNCS, 3027. Berlin: Springer-Verlag, 2004: 56-73.

[10] BONEH D, BOYEN X. Efficient selective-id secure identity-based encryption without random oracles [C] //Proceedings of EUROCRYPT 2004, LNCS 3027. Berlin: Springer-Verlag, 2004: 223-238.

[11] BONEH D, BOYEN X. Secure identity based encryption without random oracles [C] //

Proceedings of CRYPTO 2004, LNCS 3152. Berlin: Springer-Verlag, 2004: 443–459.

[12] WATERS B. Efficient identity-based encryption without random oracles [C] //Proceedings of EUROCRYPT 2005, LNCS 3494. Berlin: Springer-Verlag, 2005: 114–127.

[13] GENTRY C. Practical identity-based encryption without random oracles [C] //Proceedings of the 24th Annual International Conference on the Theory and Applications of Cryptographic Techniques. Berlin: Springer-Verlag, 2006: 445–464.

第 5 章

数字签名及其方案

数字签名作为电子信息技术发展的产物，是针对电子文档的一种签名确认方法，它由公钥密码发展而来，在信息安全，包括身份认证、数据完整性、不可否认性及匿名性等方面，特别是在大型网络安全通信中的密钥分配、认证及电子商务系统中具有重要的作用。数字签名是手写签名的数字化形式，是与所签信息“绑定”在一起的。具体地讲，数字签名就是一串二进制数。

数字签名是指用私有密钥进行加密，接收方用公开密钥进行解密，由于从公开密钥不能推算出私有密钥，所以，公开密钥不会损害私有密钥的安全；公开密钥无须保密，可以公开传播，而私有密钥必须保密。因此，当某人用其私有密钥加密消息，能够用他的公开密钥正确解密，就可肯定该消息是某人签字的，这就是数字签名的基本原理。本章将在可证明安全理论下介绍数字签名方案的分析与设计。

5.1 数字签名概述

Diffie 和 Hellman[1] 在 1976 年发表的著名论文“New Directions in Cryptography”中开创了公钥密码学，并首次提出了数字签名的概念，此后，数字签名的研究工作迅速引起了学术界和工业界的广泛重视。

1978 年，Rivest、Shamir 和 Adleman[2] 提出了第一个数字签名方案，即 RSA 签名。由于 RSA 算法简单、便于应用，因此，得到了人们的广泛认可。同年，

Rabin[3] 提出了 Rabin 签名方案，其在形式上与 RSA 签名方案较为相似，可是，Rabin 签名方案却具有明显的优势。一方面，Rabin 签名是基于大数分解困难问题的签名方案，对其安全性分析可以给出严格的数学证明；另一方面，Rabin 签名具有更快的验证速度。因此，Rabin 签名适用于小型计算机设备进行数字签名的验证。1985 年，基于离散对数困难问题，ElGamal[4] 提出了著名的 ElGamal 签名方案。后来，人们先后提出了 ElGamal 签名方案的几种变形、如 Schnorr 签名方案[5]、DSA 签名方案[6] 等。

1986 年，Miller[7] 和 Koblitz[8] 分别提出将椭圆曲线用于公钥密码学，从而形成椭圆曲线密码体制（elliptic curve cryptography，ECC）。ECC 利用有限域上的椭圆曲线的点构成的有限群实现离散对数算法。基于椭圆曲线的离散对数问题比标准的基于离散对数问题更加困难，所以，椭圆曲线密码体制可以用更短小的密钥，保持较高的安全性。1989 年，Koblitz 又对椭圆曲线做了推广，提出了超椭圆曲线密码系统（hyperelliptie curve cryptosystem，HCC）。这些工作使得研究基于椭圆曲线和超椭圆曲线的数字签名方案成为可能。

在传统的公钥密码签名体制中，签名人的公钥一般是无意义的比特串，这必然存在一个如何才能将公钥与签名人的身份关联起来的问题。通常采用的办法是建立公钥基础设施（public kcy infrastructure，PKI），通过其认证中心（certificate authority，CA）发布的公钥数字证书将公钥与用户的身份捆绑在一起。在这类基于公钥数字证书的系统中，使用一个用户的公钥之前，人们需要获取该用户的公钥数字证书，并验证其证书是否正确、合法、有效。这需要较大的存储空间来存储不同用户的公钥证书，也需要较多的时间开销来验证用户的公钥证书，这是传统的公钥密码体制难以克服的缺点。

为了解决传统公钥密码体制中庞大的公钥证书存储和验证开销问题，1984 年，Shamir[9] 创造性地提出了基于身份的公钥密码学（identity-based cryptography，IBC）的思想，并基于大数分解困难问题设计了第一个基于身份的签名（identity-based signature，IBS）方案。在基于身份的密码体制中，用户的公钥可以是能够标识用户身份的信息，如用户的姓名、E-mail、电话号码、身份证号码等，用户的私钥则由可信第三方（private key generator，PKG）根据用户的身份信息产生。基于身份的密码体制使得任意两个用户都可以安全通信，用户的公钥和用户身份自然地绑定在一起，不需要公钥证书，也不必使用在线的第三方，只需一个可信的密钥发行中心为每个第一次接入系统的用户发行一个私钥就行。IBC 解决了传统公钥密码学难以克服的缺点，因此，IBC 提出之后迅速成为密码学领域的研究热点。基于身份的密码学具有的特点使其拥有广阔的应用领域，特别在无线传感器网络、无线 Ad Hoc 网络，移动 Agent 等场合能够发挥出重要的作用。

自基于身份的密码学提出以后的很长一段时间里，其研究进展缓慢，虽然研究人员提出了一些 IBS 方案[10-15]，但这些方案的效率都很低，非常不实用。直到 2001 年，Boneh 和 Franklin[16] 基于超奇异椭圆曲线的双线性对技术提出了第一个高效实用的基于身份的加密（identity-based encryption，IBE）方案，他们的工作开启了身份密码学研究的新时代，将研究工作向前推进了一大步。此后，人们在利用双线性对技术构造身份密码方案方面进行了大量的研究，提出了许多基于身份的数字签名方案。2002 年，Paterson[17] 利用双线性映射提出了一个 IBS 方案，同年，Hess[18] 也提出了一个 IBS 方案。前者对提出方案只给出了简单的安全性分析，并没有提供严格的安全性证明，后者在随机预言机模型下对提出方案进行了严格的安全证明，证明了方案在适应性选择消息和固定身份攻击下的存在不可伪造性。2003 年，Cha 和 Cheon[19] 提出了一个基于 GDH 群的 IBS 方案，并在随机预言机模型下证明了该方案在适应性选择消息和身份攻击下的存在不可伪造性。2006 年，Paterson 和 Schuldt[20] 提出了一个 IBS 方案，虽然方案的效率没有 Hess 方案的效率高，但这是第一个在标准模型下可证安全的 IBS 方案，方案在标准模型下是 EU-CMA 安全的。同年，Cui 等人[21] 采用和前面方案不同的设计方法，构造了一个高效的 IBS 方案，并在随机预言机模型下证明该方案是 EU-CMA 安全的。2009 年，Sato 和 Okamoto 等人[22] 提出了一个在标准模型下可证安全的 IBS 方案，并证明了方案满足在适应性选择消息和身份攻击下签名的强不可伪造性。该方案的签名长度较短，但效率不高。2010 年，Yuen、Susilo 和 Mu[23] 提出了一种设计无托管 IBS 的方法，构造了一个无托管的 IBS 方案。方案不需要使用多个 PKG，并在随机预言机模型下证明了方案是 EU-CMA 安全的。

在基于身份的公钥密码体制中，用户私钥由 PKG 一方产生，故其能够伪造用户的签名，因而，基于身份的密码体制具有内在的密钥托管性质，并不能实现真正意义上的不可否认性。2003 年，Al-Riyami 和 Paterson[24] 提出了无证书公钥密码系统的概念。在该密码系统中，密钥生成中心（key generator center，KGC）只产生用户的部分私钥，用户使用自己选取的秘密值和部分私钥生成自己的私钥。由于该密码体制中无须使用证书，其克服了 PKI 中的证书管理问题；同时，KGC 只产生用户

的部分私钥，这就避免了密钥托管问题，因而具有传统公钥体制和基于身份公钥体制两者的优点，许多无证书的数字签名[25-37] 方案被相继提出。

公钥密码算法的安全性在很大程度上依赖于它所基于的计算困难问题，随着量子计算的发展，解决密码学传统困难问题的量子算法不断涌现，为了避免量子时代的密码危机，设计基于新型困难问题的密码算法是今后发展的一个趋势。

1996 年，Ajtai[38] 创造性地提出了基于格问题困难性构造密码方案的论断，他指出，某一类格中一些问题的平均难度等价于格上一类 NP 问题的难度。这个优良特性是目前大部分公钥密码体制所不具备的，而且由于格是一种线性结构，其上的运算大多是线性运算，因此，可以期望利用格上难题构建的新型公钥密码体制具有比现有方案更快的运算速度。最重要的是，到目前为止，还不存在解决某些格问题的多项式量子算法[39]，基于格理论设计的新型公钥密码体制被认为是可以抵抗量子攻击的，而这与基于离散对数等困难问题的密码体制形成了鲜明对比。鉴于上述几大优良特性，近些年来，基于格理论构造新的公钥密码体制的研究，已经成为国际上密码学研究的一个热点。它不仅为构造新型公钥密码体制开启了崭新的思路，而且具有很高的学术价值和广泛的应用前景。

长期以来，人们普遍认为，一个公钥密码体制如果在较长时间内没有被攻破，就认为其是安全的。在一段时间后，若发现其存在某些安全漏洞，就会做一些修改，然后继续使用。这样的协议设计方法是存在问题的。由于新的分析技术所提出的时间是不确定的，任何时候都有可能提出新的分析技术，这种做法很难使人们确信协议的安全性，反反复复的修补更增加了人们对安全性的担心。人们迫切希望有一种方法能够证明公钥密码体制的安全性，可证明安全的概念就是在这样的背景下被提出的，并迅速得到了广泛的研究和应用。

1982 年，Goldwasser、Micali 和 Rivest[40] 提出了可证明安全性的思想，将人类对公钥密码系统安全性的认识提高到了一个崭新的高度，即攻击者对密码方案的破解方式不仅仅限于完全攻破。同时，他们的成果也开创了人们采用形式化方法来审视公钥密码体制安全性的先河，从而使公钥密码体制的可证安全性得到了广泛的研究。后来，Bellare 和 Rogaway[41] 提出了随机预言机模型方法论，为构造可证明安全的数字签名提供了一种较为通用的方法。

目前，在随机预言机模型下证明一个数字签名方案的安全性，人们通常采用两种方法：第一种是利用分叉引理（Forking Lemma）[42,43] 证明，这种方法的缺点是常常不能得到紧的安全性规约；第二种是不使用分叉引理进行证明，现在普遍采用这种方法，能够得到比较紧的安全规约。

在随机预言机模型下，Hash 函数的均匀性和确定性要求意味着 Hash 函数的输出熵大于其输入熵。由香农的熵理论可知，实际中并不存在这样的 Hash 函数。因此，人们对使用随机预言机模型证明方案的安全性一直存在着争议。Canetti、Goldreich 和 Halevi[44] 认为一个密码方案虽然在随机预言机模型下是可证安全的，但是它们在实际应用中的具体实现却不一定是安全的。可是，目前还找不出令人信服的随机预言机模型合理性的反例，因而可以认为，由此实现的具体方案是安全的。不过人们也看到，虽然随机预言机模型方法论不能作为密码方案安全的绝对证据，但是随机预言机模型能够有效地模拟敌手的各种攻击行为，可以比较容易地证明签名方案的安全性，而且设计的方案相对简单，效率往往优于在标准模型下可证安全的方案，所以尽管存在争议，人们仍然把它作为密码方案安全性证明的一个常用方法。在目前已提出的大部分密码方案中，主要还是在随机预言机模型下进行安全性证明。

随着人们对数字签名研究的不断深入，同时也由于电子商务、电子政务的快速发展，数字签名的应用领域也更加广泛，能够适应某些特定需求的数字签名技术应运而生。如有些场合人们需要委托别人代表自己在一些文件上签名，有些场合要求签名人对文件签名但不能知晓文件的具体内容，还有些场合要求只有指定的验证人才能验证数字签名的正确性等。针对这些在实际应用中遇到的情况，研究人员结合各种环境的具体要求，提出了一些具有附加性质和特殊功能的数字签名形式[45-50]。这类签名方案除了具有数字签名的基本功能以外，还实现了另外的功能。

总之，数字签名可以提供认证性、完整性和不可否认性等功能，在信息安全方面有着重要应用。此外，电子商务和电子政务的持续快速发展有力地推动和刺激了数字签名技术的迅速发展，面向特定需求的具有特殊性质的数字签名也必将会迎来越来越广阔的应用前景。

5.2 基于身份的数字签名

5.2.1 基于身份签名的形式化定义

在一个基于身份的签名方案中，签名者利用其私钥对消息进行签名，而验证

者只需要使用签名者的身份信息就可以验证该签名的有效性。

定义 5-1　一个基于身份的签名方案由如下 4 个算法组成。

① 系统初始化算法 Setup：该算法由 PKG 执行，输入安全参数 k ，输出系统公开参数 $params$ 及主密钥 sk ，其中，sk 保密。

② 私钥生成算法 KeyGen：该算法输入系统公开参数 $params$ 、主密钥 sk 和用户身份 ID ，输出身份为 ID 的用户对应的私钥 s_{ID} 。

③ 签名生成算法 Sign：该算法输入系统公开参数 $params$ 、身份为 ID 用户的私钥 s_{ID} 和待签名消息 m ，输出身份为 ID 的用户在消息 m 上的签名 σ 。

④ 签名验证算法 Verify：该算法输入系统公开参数 $params$ 、签名用户的身份 ID 、消息 m 和签名 σ 。如果 σ 是身份为 ID 的用户在消息 m 上的有效签名，则输出 $True$；否则，输出 $False$。

签名算法必须满足一致性要求，即如果 $\sigma = \text{Sign}(params, m, s_{ID})$ ，则 $\text{Verify}(params, m, ID, \sigma) = Ture$ 。

5.2.2　基于身份签名的安全模型

在适应性选择消息攻击下的存在不可伪造性（EU-CMA）是数字签名方案的标准安全概念。根据这个安全概念，Cha 和 Cheon[19] 定义了基于身份签名方案的安全模型，即在适应性选择消息和身份攻击下的存在不可伪造性（EU-CMIA）。我们可以通过一个挑战者 C 与敌手 A 之间的游戏来定义这个安全模型。

初始化阶段：挑战者 C 选择安全参数 k ，运行签名方案的 Setup 算法，生成系统参数 $params$ 和主密钥 sk 。挑战者 C 将 $params$ 发送给敌手 A，并秘密保存 sk 。

询问阶段：敌手 A 可以适应性地向挑战者 C 发起一系列询问，每次询问是如下情形之一。

① 私钥询问：敌手 A 可以任意选择身份 ID 并询问其私钥 s_{ID} 。挑战者 C 运行 KeyGen 算法得到身份 ID 的私钥 s_{ID} ，并将其发送给敌手 A。

② 签名询问：敌手 A 可以任意选择身份 ID 和消息 m ，并询问在身份 ID 下对消息 m 的签名。挑战者 C 先运行 KeyGen 算法得到身份 ID 的私钥 s_{ID} ，然后运行 Sign 算法得到签名 σ ，并将其发送给敌手 A。

伪造阶段：敌手 A 输出在身份 ID^* 下对消息 m^* 的签名 σ^* 。如果满足下面 3 个条件，则敌手 A 赢得游戏。

① $Verify(params, m^*, ID^*, \sigma^*) = True$ 。

② 敌手 A 没有询问身份 ID^* 的私钥。

③ 敌手 A 没有询问身份 ID^* 在消息 m^* 上的签名。

我们把上述游戏中获胜的敌手 A 称为 EU-CMIA 敌手，并将敌手 A 的优势定义为：

$$\mathrm{Adv}_{\mathrm{A}}^{\mathrm{IBS}}(k) = \Pr[\mathrm{A}\ succeeds] \quad 。 \tag{5-1}$$

定义 5-2 如果不存在运行时间至多为 t 、优势至少为 ε 的 EU-CMIA 敌手 A，并且敌手 A 提出至多 q_e 次私钥询问、q_s 次签名询问，则该 IBS 方案是（t，q_e，q_s，ε）-EU-CMIA 安全的。

通过上面的游戏可以定义一个弱的安全概念，即在适应性选择消息和固定身份攻击下的存在不可伪造性。在这个安全概念中，目标身份是由挑战者确定的，而不是敌手选择的。在该游戏的建立阶段，挑战者 C 将系统参数与目标身份一起发送给敌手 A。在伪造阶段，敌手 A 必须输出该身份在一个消息上的签名。如果没有多项式时间的敌手 A 以不可忽略的优势在该游戏中获胜，则这个 IBS 方案在适应性选择消息和固定身份攻击下是存在性不可伪造的。

5.2.3 几个经典的基于身份的签名方案

（1）Hess 方案

Hess[18] 利用椭圆曲线上的 Weil 对构造了一个基于身份的签名方案，并在随机预言机模型下证明了该方案满足在适应性选择消息和固定身份攻击下的存在不可伪造性，方案的安全性证明是基于 CDH 困难问题假设的。方案描述如下。

① Setup：PKG 选择阶为素数 q 的循环群 G 和 G_1，构造双线性映射 $e: G \times G \to G_1$ ，并选择任意的生成元 $P \in G$ 。PKG 选择 $s \in_R \mathbb{Z}_q^*$ ，计算 $P_{\mathrm{pub}} = sP$ 。PKG 选择 Hash 函数 $H_1: \{0, 1\}^* \times G_1 \to \mathbb{Z}_q^*$ 和 $H_2: \{0, 1\}^* \to G^*$ 。系统参数为 $params = \{q, G, G_1, e, P, P_{\mathrm{pub}}, H_1, H_2\}$ ，主密钥为 s 。

② KeyGen：给定身份 $ID \in \{0, 1\}^*$ ，PKG 计算公钥为 $Q_{ID} = H_2(ID)$ ，私钥为 $S_{ID} = sQ_{ID}$ 。

③ Sign：给定消息 $M \in \{0, 1\}^*$ ，签名者 ID 选择 $P_1 \in_R G^*$ ，$k \in_R \mathbb{Z}_q^*$ ，并计算 $r = e(P_1, P)^k$ ，$v = H_1(M, r)$ ，$u = vS_{ID} + kP_1$。这样生成的签名为 $\sigma = (u, v)$。

④ Verify：给定签名者的身份 ID 、消息 M 和签名（u，v），验证者计算

$Q_{ID} = H_2(ID)$ ，$r = e(u, P)e(Q_{ID}, -P_{\text{pub}})^v$ ，当且仅当 $v = H_1(M, r)$ 时，验证者接受签名 (u, v) 。

方案效率：在该方案中，签名过程需要 1 次双线性映射运算、2 次群 G 中的乘法运算、1 次群 G 中的加法运算、1 次群 G_1 中的指数运算和 1 次 Hash 函数 H_1 运算。验证过程需要 2 次双线性映射运算、1 次群 G_1 中的指数运算和 1 次 Hash 函数 H_2 运算。

（2） Cha 和 Cheon 方案

Cha 和 Cheon[19] 利用间隙 Diffie-Hellman 群构造了一个基于身份的签名方案，并在随机预言机模型下证明了该方案满足在适应性选择消息和身份攻击下的存在不可伪造性，方案的安全性证明是基于 CDH 困难问题假设的。方案描述如下。

① Setup：PKG 选择阶为素数 q 的循环群 G 和 G_1，构造双线性映射 $e: G \times G \to G_1$ ，并选择任意的生成元 $P \in G$ 。PKG 选择 $s \in_R \mathbb{Z}_q^*$ ，计算 $P_{\text{pub}} = sP$ 。PKG 选择 Hash 函数 $H_1: \{0, 1\}^* \times G_1 \to \mathbb{Z}_q^*$ 和 $H_2: \{0, 1\}^* \to G^*$ 。系统参数为 $params = \{q, G, G_1, e, P, P_{\text{pub}}, H_1, H_2\}$ ，主密钥为 s 。

② KeyGen：给定身份 $ID \in \{0, 1\}^*$ ，PKG 计算公钥为 $Q_{ID} = H_2(ID)$ ，私钥为 $S_{ID} = sQ_{ID}$ 。

③ Sign：给定消息 M ，签名者 ID 选择 $r \in_R \mathbb{Z}_q$ ，并计算 $U = rQ_{ID}$ ，$h = H_1(M, U)$ ，$V = (r + h)S_{ID}$ 。这样生成的签名为 $\sigma = (U, V)$ 。

④ Verify：给定签名者的身份 ID 、消息 M 和签名 (U, V) ，验证者检查等式 $e(P, V) = e(P_{\text{pub}}, U + hQ_{ID})$ 是否成立。如果是，则 σ 是身份 ID 在消息 M 上的有效签名；否则，σ 不是有效签名。

方案效率：在该方案中，签名过程需要 2 次群 G 中的乘法运算、1 次 $\mathbb{Z}_q$ 中的加法运算、1 次 Hash 函数 H_1 运算和 1 次 Hash 函数 H_2 运算。验证过程需要 2 次双线性映射运算、1 次群 G 中的乘法运算、1 次群 G 中的加法运算和 1 次 Hash 函数 H_2 运算。

（3） Paterson 和 Schuldt 方案

Paterson 和 Schuldt[20] 在 Waters[51] 提出的 IBE 方案的基础上，利用间隙 Diffie-Hellman 群构造了一个基于身份的签名方案，并在标准模型下证明了该方案满足在适应性选择消息和身份攻击下的存在不可伪造性，方案的安全性证明是基于 CDH 困难问题假设的。方案描述如下。

① Setup：PKG 选择阶为素数 p 的循环群 G 和 G_1，构造双线性映射 $e: G \times G$

$\to G_1$，并选择任意的生成元 $g \in G$。令用户的身份和消息分别是长为 n_u 和 n_m 的位串。PKG 选择 $\alpha \in_R \mathbb{Z}_p$，并计算 $g_1 = g^\alpha$。PKG 选择 $g_2 \in_R G$ 及 $(u', m') \in_R G$。PKG 选择向量 $U = (u_i)$、$M = (m_i)$，它们的长度分别为 n_u、n_m，并且，它们的分量都是从 G 中随机选择的。系统参数为 $params = \{p, G, G_1, e, g, g_1, g_2, u', U, m', M\}$，主密钥为 $msk = g_2^\alpha$。

② KeyGen：对于身份 u 来说，令 u_i 表示 u 的第 i 位。定义 $U \subseteq \{1, 2, \cdots, n_u\}$ 是由 $u_i = 1$ 的 i 组成的集合。为了生成 u 的私钥，选择 $r_u \in_R \mathbb{Z}_p$，并计算：

$$d_u = \left(g_2^\alpha\left(u'\prod_{i\in U}u_i\right)^{r_u},\ g^{r_u}\right)。\tag{5-2}$$

③ Sign：对于消息 m 来说，定义 $M \subseteq \{1, 2, \cdots, n_m\}$ 是由 $m_j = 1$ 的 j 组成的集合，其中，m_j 表示 m 的第 j 位。为了生成身份 u 在消息 m 上的签名，选择 $r_m \in_R \mathbb{Z}_p$，并计算：

$$\sigma = \left(g_2^\alpha\left(u'\prod_{i\in U}u_i\right)^{r_u}\left(m'\prod_{j\in M}m_j\right)^{r_m},\ g^{r_u},\ g^{r_m}\right) \in G^3。\tag{5-3}$$

④ Verify：如果下列等式成立，则签名 $\sigma = (V, R_u, R_m)$ 是身份 u 在消息 m 上的签名。

$$e(V, g) = e(g_1, g_2)e\left(u'\prod_{i\in U}u_i, R_u\right)e\left(m'\prod_{j\in M}m_j, R_m\right)。\tag{5-4}$$

方案效率：在签名阶段，签名者需进行最多 $n_m + 1$ 次（平均 $\frac{n_m}{2} + 1$ 次）群 G 中的乘法运算和 2 次群 G 中的指数运算。在验证阶段，验证者需进行 4 次双线性映射运算和最多 $n_u + n_m$ 次（平均 $\frac{n_u + n_m}{2}$ 次）群 G 中的乘法运算。

5.3 无证书的数字签名体制

5.3.1 无证书签名的形式化定义

无证书公钥密码系统的概念是由 Al-Riyami 和 Paterson[24] 提出的，与传统公钥体制和基于身份的公钥体制下的数字签名相比，无证书签名的优势在于：一方面，在验证签名时无须像在传统公钥密码系统下那样验证签名者公钥的有效性；另一方面，没有基于身份密码系统中的密钥托管问题。

定义 5-3　一个无证书签名方案由如下 7 个算法组成。

① 系统参数生成算法 Setup：该算法输入安全参数 k，输出系统公开参数 $params$ 及主密钥 msk，其中，系统公开参数 $params$ 向用户公开，主密钥 msk 保密。

② 部分密钥生成算法 Partial-Private-Key-Extract：该算法输入系统参数 $params$、主密钥 msk 及用户身份 ID，输出用户的部分私钥 D_{ID}。

③ 设置秘密值 Set-Secret-Value：该算法输入系统参数 $params$ 及用户身份 ID，输出用户的秘密值 x_{ID}。

④ 设置用户私钥 Set-Private-Key：该算法输入系统参数 $params$、用户的身份 ID、秘密值 x_{ID} 及部分私钥 D_{ID}，输出用户的私钥 S_{ID}。

⑤ 设置用户公钥 Set-Public-Key：该算法输入系统参数 $params$、用户的身份 ID 和秘密值 x_{ID}，输出用户的公钥 P_{ID}。

⑥ 签名生成算法 Sign：该算法输入系统参数 $params$、待签名消息 m、身份为 ID 用户的公钥 P_{ID} 和私钥 S_{ID}，输出该用户在消息 m 上的签名 σ。

⑦ 签名验证算法 Verify：该算法输入系统参数 $params$、签名用户的身份 ID 和公钥 P_{ID}、消息 m 及签名 σ。如果 σ 是身份为 ID 用户在消息 m 上的有效签名，则输出 *True*；否则，输出 *Falsc*。

5.3.2　无证书签名的安全模型

在无证书签名系统中存在两类攻击者：A_{I}（恶意用户）和 A_{II}（恶意的 KGC）。对于 A_{I} 而言，其可以替换任意用户的公钥；对于 A_{II} 而言，其知道系统主密钥，但不可以替换用户的公钥。下面，我们可以通过挑战者 C 与敌手 $A \in (A_{I}, A_{II})$ 之间的游戏来定义无证书签名在适应性选择消息攻击下的存在不可伪造性（EU-CLS-CMA）这一安全模型。

（1）游戏 1（适用于第 1 类攻击者）

初始化阶段：挑战者 C 运行 Setup 算法，输入安全参数 k，输出系统公开参数 $params$ 和主密钥 msk。挑战者 C 将 $params$ 发送给敌手 A_{I}，并秘密保存 msk。

询问阶段：敌手 A_{I} 可以适应性地向挑战者 C 发起一系列询问，每次询问是如下情形之一。

① Hash 询问：敌手 A_{I} 可以询问所有的 Hash 预言机并得到相应的 Hash 值。

② 部分私钥询问：敌手 A_{I} 可以任意询问身份为 ID 用户的部分私钥 D_{ID}，挑

战者 C 运行 Partial-Private-Key-Extract 算法生成用户 ID 的部分私钥 D_{ID} ，并将其发送给敌手 A_{I} 。

③ 用户私钥询问：敌手 A_{I} 可以询问除挑战者 C 身份 ID^{*} 之外任意其他用户 ID 的私钥 S_{ID} ，挑战者 C 运行 Set-Private-Key 算法生成用户 ID 的私钥 S_{ID} ，并将其发送给敌手 A_{I} 。如果用户 ID 的公钥已被替换，则需要敌手 A_{I} 向挑战者 C 提供新的秘密值。

④ 用户公钥询问：当敌手 A_{I} 询问用户 ID 的公钥时，挑战者 C 运行 Set-Secret-Value 算法和 Set-Public-Key 算法生成用户 ID 的公钥 P_{ID} ，并将其发送给敌手 A_{I} 。

⑤ 替换公钥询问：敌手 A_{I} 可以选择任意的公钥 P'_{ID} 代替用户的公钥 P_{ID} 。

⑥ 签名询问：敌手 A_{I} 可以任意选择身份 ID 和消息 m ，并询问在身份 ID 下对消息 m 的签名。挑战者 C 利用用户 ID 的私钥 S_{ID} ，运行 Sign 算法得到签名 σ ，并将其发送给敌手 A_{I} 。如果用户 ID 的公钥已被替换，则需要敌手 A_{I} 提供新的秘密值。

伪造阶段：敌手 A_{I} 输出在身份 ID^{*} 下对消息 m^{*} 的签名 σ^{*} 。如果满足下面条件，则敌手 A_{I} 赢得游戏。

① 敌手 A_{I} 没有询问身份 ID^{*} 的私钥。

② 敌手 A_{I} 没有询问身份 ID^{*} 的部分私钥及对其公钥进行替换。

③ 敌手 A_{I} 没有询问身份 ID^{*} 在消息 m^{*} 上的签名。

（2）游戏 2（适用于第 2 类攻击者）

初始化阶段：挑战者 C 运行 Setup 算法，输入安全参数 k ，输出系统公开参数 $params$ 和主密钥 msk 。挑战者 C 将 $params$ 和 msk 发送给敌手 A_{II} 。

询问阶段：敌手 A_{II} 可以适应性地向挑战者 C 发起一系列询问，每次询问是如下情形之一。

① Hash 询问：敌手 A_{II} 可以询问所有的 Hash 预言机并得到相应的 Hash 值。

② 用户私钥询问：敌手 A_{II} 可以询问除挑战者 C 身份 ID^{*} 之外任意其他用户 ID 的私钥 S_{ID} ，挑战者 C 运行 Set-Private-Key 算法生成用户 ID 的私钥 S_{ID} ，并将其发送给敌手 A_{II} 。

③ 用户公钥询问：当敌手 A_{II} 询问用户 ID 的公钥时，挑战者 C 运行 Set-Secret-Value 算法和 Set-Public-Key 算法生成用户 ID 的公钥 P_{ID} ，并将其发送给敌手 A_{II} 。

④ 签名询问：敌手 A_{II} 可以任意选择身份 ID 和消息 m，并询问在身份 ID 下对消息 m 的签名。挑战者 C 利用用户 ID 的私钥 S_{ID}，运行 Sign 算法得到签名 σ，并将其发送给敌手 A_{II}。

伪造阶段：敌手 A_{II} 输出在身份 ID^* 下对消息 m^* 的签名 σ^*。如果满足下面条件，则敌手 A_{II} 赢得游戏。

① 敌手 A_{II} 没有询问身份 ID^* 的私钥。

② 敌手 A_{II} 没有询问身份 ID^* 在消息 m^* 上的签名。

定义 5-4 一个无证书签名方案在适应性选择消息攻击下是存在性不可伪造的（EU-CLS-CMA），如果敌手 $A \in (A_I, A_{II})$，在以上两个游戏中获胜的概率是可以忽略的。

5.3.3 几个无证书的签名方案

（1）Al-Riyami 和 Paterson 方案

在该文中提出了第一个无证书的签名，然而，该方案不仅没有给出形式化的安全性分析，随后又被指出存在安全缺陷，即不能抵抗公钥替换攻击。方案描述如下。

① Setup：设 G_1 和 G_2 是阶为素数 q 的循环群，P 是群 G_1 的生成元。$\hat{e}$：$G_1 \times G_1 \rightarrow G_2$ 是一个双线性映射。KGC 随机选取 $s \in \mathbb{Z}_q^*$ 作为系统主密钥，计算 $P_0 = sP$，并选择 Hash 函数 H_1：$\{0, 1\}^* \rightarrow G_1^*$ 和 H_2：$G_2 \rightarrow \{0, 1\}^n$，其中，$n$ 为 Hash 函数 H_2 输出的位串长度。系统的公开参数为 $params = \{G_1, G_2, e, n, P, P_0, H_1, H_2\}$，主密钥为 s。

② Partial-Private-Key-Extract：给定用户身份 ID_i，KGC 先计算 $Q_i = H_1(ID_i)$，然后计算用户 ID_i 的部分私钥 $D_i = sQ_i$，并将其发送给用户 ID_i。

③ Set-Secret-Value：对于用户 ID_i，其随机选取 $x_i \in \mathbb{Z}_q^*$ 作为其秘密值。

④ Set-Private-Key：对于用户 ID_i，其计算其私钥为 $S_i = x_i D_i$。

⑤ Set-Public-Key：对于用户 ID_i，其先计算 $X_i = x_i P$ 和 $Y_i = x_i P_0$，然后将 $P_i = (X_i, Y_i)$ 作为自己的公钥。

⑥ Sign：给定消息 M，签名者 ID_i 随机选择 $r \in \mathbb{Z}_q^*$，并计算 $R = e(rP, P)$，$v = H_2(M, R)$，$U = vS_i + rP$。这样生成的签名为 $\sigma = (U, v)$。

⑦ Verify：给定签名者 ID_i 在消息 M 上的签名 (U, v) 及其公钥 (X_i, Y_i)，验证者计算 $R = e(U, P)e(Q_i, -Y_i)^v$，并检查等式 $e(X_i, P_0) = e(Y_i, P)$ 和 $v = H_2(M, R)$ 是否成立。当且仅当两等式同时满足时，σ 是身份 ID_i 在消息 M 上的

有效签名；否则，σ 不是有效签名。

（2）Yuan 等人的方案

基于参考文献［51］提出的基于身份的加密方案，在标准模型下提出了一个无证书的签名方案，并对方案的安全性进行了分析。方案描述如下。

① Setup：给定阶为素数 q 的循环群 G_1 和 G_2，双线性映射 e：$G_1 \times G_1 \to G_2$，以及两个无碰撞的 Hash 函数 H_1：$G_1^2 \to G_1$ 和 H_2：$\{0, 1\}^* \to \{0, 1\}^n$。KGC 随机选取 $a \in \mathbb{Z}_q^*$，群 G_1 的生成元 g，并计算 $g_1 = g^a$。随机选取 $(u', m') \in G_1$，两个 n 维向量 $\hat{U} = (u_i)$ 和 $\hat{M} = (m_i)$，其中，$(u_i, m_i) \in G_1$。系统公开参数为 $params = \{G_1, G_2, e, g, g_1, u', m', \hat{U}, \hat{M}, H_1, H_2\}$，主密钥为 $msk = g_2^a$，其中，$g_2 = H_1(u', m')$。

② Extract-Part-Priv-Key：给定用户身份 ID，KGC 计算 $u = H_2(ID)$ 和 $U = u'\prod_{i \in U_{S_{ID}}} u_i$，其中，$u_i$ 表示 u 中的第 i 位，$U_{S_{ID}} \in \{1, 2, \cdots, n\}$ 表示 $u_i = 1$ 的序号 i 的集合。KGC 随机选取 $r \in \mathbb{Z}_q^*$，计算用户 ID 的部分私钥为 $psk_{ID} = (g_2^a U^r, g^r) = (psk_1, psk_2)$，并将其发送给用户 ID。该用户可以通过等式 $e(psk_1, g) = e(g_1, g_2) = e(U, psk_2)$ 是否成立来验证部分私钥的有效性。

③ UKeyGen：对于用户 ID，它随机选取 $x \in \mathbb{Z}_q^*$ 作为其私钥 sk_{ID}，然后计算 $pk_{ID} = g_1^x$，并将其作为自己的公钥。

④ Sign：给定消息 $m \in \{0, 1\}^*$，签名者 ID 计算 $U = u'\prod_{i \in U_{S_{ID}}} u_i$ 和 $M = m'\prod_{i \in M} m_i$，其中，$m_i$ 表示 m 中的第 i 位，M 表示 $m_i = 1$ 的序号 i 的集合。签名者 ID 随机选择 $(r_u, r_m) \in \mathbb{Z}_q^*$，并计算在消息 m 上的签名：

$$\sigma = (psk_1^{x^2} U^{r_u} M^{r_m}, (g_2 UM)^x, psk_2^{x^2} g^{r_u} pk_{ID}^{-x}, g^{r_m} pk_{ID}^{-x}) = (V, R_1, R_2, R_3)。 \tag{5-5}$$

其中，$x = sk_{ID}$。

⑤ Verify：给定签名者 ID 在消息 m 上的签名 σ 及其公钥 pk_{ID}，验证者计算 $U = u'\prod_{i \in U_{S_{ID}}} u_i$ 和 $M = m'\prod_{i \in M} m_i$，并检查等式 $e(pk_{ID}, g_2 UM) = e(R_1, g_1)$ 和 $e(V, g) = e(R_1, pk_{ID}) e(U, R_2) e(M, R_3)$ 是否成立。当且仅当两等式同时满足时，σ 是身份 ID 在消息 M 上的有效签名；否则，σ 不是有效签名。

方案安全性：参考文献［51］对所提出的无证书签名方案进行了安全分析，

并指出基于 ACDHP（augmented computational diffie-Hellman problem）和 2-Many-DHP（2-many diffie-Hellman problem）困难问题假设，方案在第1类攻击者 A_{I} 和第2类攻击者 A_{II} 攻击下，满足适应性选择消息攻击下的存在不可伪造性。

5.4　具有特殊性质的数字签名

针对实际应用中的各种特殊需求，研究人员在公钥密码体制下对各种具有附加功能的签名形式也开展了大量研究，并且提出了一些特殊签名方案。目前，有关特殊性质的数字签名研究主要有以下几个方向。

① 改进和优化现有特殊数字签名方案。针对已提出的方案中可能存在安全漏洞或效率不高等问题进行分析和研究，增强方案安全性，提高算法执行效率。

② 构造更加安全高效的新颖特殊数字签名方案。目前已提出的大多数方案都是在随机预言机模型下可证安全的，然而，随机预言机模型把 Hash 函数理想化为一个完全随机的预言机，在具体应用中无法构造相应的实例，也就是说，在随机预言机模型下可证安全的方案在实际应用中不一定是安全的，而在标准模型下设计的方案更能提供方案在实际应用中的安全保障。不过，目前已提出的一些标准模型下可证安全的方案往往效率不高，因此，如何设计出在标准模型下可证安全的更加高效的方案非常重要。

③ 提出新型的特殊数字签名形式。研究实际应用中出现的新的功能要求，提出一些新型的特殊数字签名体制。

④ 研究已有特殊数字签名方案的实用性问题。结合各种应用领域的具体环境，研究如何对已有方案的实际有效应用。

具有特殊性质数字签名的研究得到了较快发展，已成为一个非常活跃的研究领域，吸引着大批的学者和研究人员在方案的分析、设计和应用方面，向着更广、更深的方向发展。

参考文献

[1] DIFFIE W, HELLMAN M. New directions in cryptography [J]. IEEE transactions on information theory, 1976, 22 (6): 644-654.

[2] RIVEST R L, SHAMIR A, ADLEMAN L. A method for obtaining digital signatures and public-key cryptosystems [J]. Communications of the ACM, 1978, 21 (2): 120-126.

[3] RABIN M O. Digital signature and public key functions as intractable as factorization [R]. MIT Laboratory for Computer Science, Technical Report, MIT/LCS/TR-212, 1979.

[4] ELGAMAL T. A public key cryptosystem and a signature scheme based on discrete logarithms [J]. IEEE transactions on information theory, 1985, 31 (4): 469-472.

[5] SCHNORR C P. Efficient identification and signatures for smart cards [C] //Proceedings of the Workshop on the Theory and Application of Cryptographic Techniques, LNCS 434. Berlin: Springer-Verlag, 1990: 688-689.

[6] NIST C. The digital signature standard [J]. Communications of the ACM, 1992, 35 (7): 36-40.

[7] MILLER V S. Use of elliptic curves in cryptography [C] //Proceedings of CRYPTO' 85, LNCS 218. Berlin: Springer-Verlag, 1986: 417-426.

[8] KOBLITZ N. Elliptic curve cryptosystems [J]. Mathematics of computation, 1987, 48 (48): 203-209.

[9] SHAMIR A. Identity-based cryptosystems and signature schemes [C] //Proceedings of CRYPTO' 84, LNCS 196. Berlin: Springer-Verlag, 1985: 47-53.

[10] FIAT A, SHAMIR A. How to prove yourself: practical solutions to identification and signature problems [C] //Proceedings of CRYPTO' 86, LNCS 263. Berlin: Springer-Verlag, 1987: 186-194.

[11] OHTA K, OKAMOTO E. Practical extention of fiat-shamir scheme [J]. Electronics letters, 1988, 24 (15): 955-956.

[12] GUILLOU L, QUISQUATER J. A paradoxical identity-based signature scheme resulting from zero-knowledge [C] //Proceedings of CRYPTO' 88, LNCS 403. Berlin: Springer-Verlag, 1990: 216-231.

[13] LAIH C S, LEE J Y, HARN L, et al. A new scheme for ID-based cryptosystem and signature [C] //Proceedings of IEEE INFOCOM, IEEE Xplore, 1989: 998-1002.

[14] CHANG C C, LIN C H. An ID-based signature scheme based upon Rabin' s public key cryptosystem [C] //Proceedings of the 25th Annual IEEE International Carnahan Conference on Security Technology, IEEE Xplore, 1991: 139-141.

[15] HARN L, YANG S. ID-based cryptographic schemes for user identification, digital signature, and key distribution [J]. IEEE journal on selected areas in communications, 1993, 11 (5): 757-760.

[16] BONEH D, FRANKLIN M. Identity-based encryption from the Weil pairing [C] //Proceedings of the 21st Annual International Cryptology Conference on Advances in Cryptology, LNCS 2139. Berlin: Springer-Verlag, 2001: 213-229.

[17] PATERSON K G. ID-based signatures from pairings on elliptic curves [J]. Electronics letters, 2002, (38): 1025-1026.

[18] HESS F. Efficient identity based signature schemes based on pairings [C] //Proceedings of the 9th Annual International Workshop on Selected Areas in Cryptography, LNCS 2595. Berlin: Springer-Verlag, 2003: 310-324.

[19] CHA J C, CHEON J H. An identity-based signature from gap Diffie-Hellman groups [C] //Proceedings of the 6th International Workshop on Practice and Theory in Public Key Cryptography, LNCS 2567. Berlin: Springer-Verlag, 2003: 18-30.

[20] PATERSON K G, SCHULDT J C N. Efficient identity-based signatures secure in the standard model [C] //Proceedings of the 11th Australasian Conference on Information Security and Privacy, LNCS 4058. Berlin: Springer-Verlag, 2006: 207-222.

[21] CUI S, DUAN P, CHAN C W, et al. An efficient identity-based signature scheme and its applications [J]. International journal of network security, 2006, 5 (1): 89-98.

[22] SOTO C, OKAMOTO T, OKAMOTO E. Strongly unforgeable ID-based signatures without random oracles [C] //Proceedings of the 5th International Conference on Information Security Practice and Experience, LNCS 5451. Berlin: Springer-Verlag, 2009: 35-46.

[23] YUEN T H, SUSILO W, MU Y. How to construct identity-based signatures without the key escrow problem [C] //Proceedings of the 6th European Workshop on Public Key Infrastructures, Services and Applications, LNCS 6391. Berlin: Springer-Verlag, 2010: 286-301.

[24] AL-RIYAMI S S, PATERSON K G. Certificateless public key cryptography [C] //Proceedings of the 9th International Conference on the Theory and Application of Cryptology and Information Security, LNCS 2894. Berlin: Springer-Verlag, 2003: 452-473.

[25] HUANG XY, SUSILO W, MU Y, et al. On the security of certificateless signature schemes from asiacrypt 2003 [C] //Proceedings of the 4th International Conference on Cryptology and Network Security, LNCS 3810. Berlin: Springer-Verlag, 2005: 13-25.

[26] CHOI KY, PARK J H, HWANG J Y, et al. Efficient certificateless signature schemes [C] //Proceedings of the 5th International Conference on Applied Cryptography and Network Security, LNCS 4521. Berlin: Springer-Verlag, 2007: 443-458.

[27] TSO R L, YI X, HUANG X Y. Efficient and short certificateless signature [C] //Proceedings of the 7th International Conference on Cryptology and Network Security, LNCS 5339. Berlin:

Springer-Verlag, 2008: 64-79.

[28] NONG Q, HAO Y H. Cryptanalysis and improvements of two certificateless signature schemes with additional properties [C] //Proceedings of the 2008 International Symposium on Computer Science and Computational Technology, IEEE Xplore, 2008: 54-58.

[29] WAN Z M, LAI X J, WENG J, et al. Certificateless key-insulated signature without random oracles [J] . Journal of Zhejiang University science A, 2009, 10 (12): 1790-1800.

[30] SHIM K A. Breaking the short certificateless signature scheme [J] . Information sciences, 2009, 179 (3): 303-306.

[31] CHEN H, ZHANG F T, SONG R S. Certificateless proxy signature scheme with provable security [J] . Journal of software, 2009, 20 (3): 1350-1354.

[32] HARN L, REN J, LIN C L. Design of DL-based certificateless digital signatures [J] . Journal of systems and software, 2009, 82 (5): 789-793.

[33] ZHANG F T, LI S J, MIAO S Q, et al. Cryptanalysis on two certificateless signature schemes [J] . International journal of computers communications & control, 2010, 5 (4): 586-591.

[34] HE D B, CHEN J H, ZHANG R. Efficient and provably-secure certificateless signature scheme without bilinear pairings. Cryptology ePrint Archive, Report 2010/632 [R/OL] . [2010-12-11] . http: //eprint. iacr. org/2010/632.

[35] GONG Z, LONG Y, HONG X, et al. Practical certificateless aggregate signatures from bilinear maps [J] . Journal of information science & engineering, 2010, 26 (6): 2093-2106.

[36] ZHANG L, QIN B, WU Q H, et al. Efficient many-to-one authentication with certificateless aggregate signatures [J] . Computer networks, 2010, 54 (14): 2482-2491.

[37] WU C H, LAN X L, ZHANG J H, et al. Cryptanalysis and improvement of an efficient certificateless signature scheme [C] //Proceedings of the 2nd International Conference on Network Computing and Information Security, LNCS 345. Berlin: Springer-Verlag, 2012: 221-228.

[38] AJTAI M. Generating hard instances of lattice problems (extended abstract) [C] // Proceedings of the 28th Annual ACM Symposium on Theory of Computing. New York: ACM, 1996: 99-108.

[39] MICCIANCIO D, REGEV O. Lattice-based cryptography. Post-Quantum Cryptography [M] . Heidelberg: Springer, 2009: 147-191.

[40] GOLDWASSER S, MICALI S, RIVEST R L. A digital signature scheme secure against adaptive chosen message attack: extended abstract [J] . Discrete algorithms and complexity, 1987 (9): 287-310.

[41] BELLARE M, ROGAWAY P. Random oracles are practical: a paradigm for designing efficient

protocols [C] //Proceedings of the 1st ACM conference on Computer and communications security. New York: ACM, 1993: 62-73.

[42] POINTCHEVAL D, STERN J. Security proofs for signature schemes [C] //Proceedings of the International Conference on the Theory and Application of Cryptographic Techniques, LNCS 1070. Berlin: Springer, 1996: 387-398.

[43] POINTCHEVAL D, STERN J. Security arguments for digital signatures and blind signature [J]. Journal of cryptology, 2000, 13 (3): 361-396.

[44] CANETTI R, GOLDREICH O, HALEVI S. The random oracle methodology, revisited [J]. Journal of the ACM, 2004, 51 (4): 557-594.

[45] CHAUM D. Blind signatures for untraceable payments [C] //. Proceedings of CRYPTO' 82. Berlin: Springer-Verlag, 1983: 199-203.

[46] DESMEDT Y, FRANKEL Y. Shared generation of authenticators and signatures [C] // Proceedings of CRYPTO' 91, LNCS 576. Berlin: Springer-Verlag, 1992: 457-469.

[47] CHAUM D, HEYST E V. Group signatures [C] //Proceedings of the Workshop on the Theory and Application of Cryptographic Techniques, LNCS 547. Berlin: Springer-Verlag, 1991: 257-265.

[48] NYBERG K, RUEPPEL R A. Message recovery for signature schemes based on the discrete logarithm problem [C] //Proceedings of the Workshop on the Theory and Application of Cryptographic Techniques, LNCS 950. Berlin: Springer-Verlag, 1995: 182-193.

[49] JAKOBSSON M, SAKO K, IMPAGLIAZZO R. Designated verifier proofs and their applications [C] //Proceedings of the International Conference on the Theory and Application of Cryptographic Techniques, LNCS 1070. Berlin: Springer-Verlag, 1996: 143-154.

[50] MAMBO M, USUDA K, OKAMOTO E. Proxy signatures for delegating signing operation [C] //Proceedings of the 3rd ACM Conference on Computer and Communications Security. New York: ACM, 1996: 48-57.

[51] WATERS B. Efficient identity-based encryption without random oracles [C] //Proceedings of the 24th Annual International Conference on Theory and Applications of Cryptographic Techniques, LNCS 3494. Berlin: Springer-Verlag, 2005: 114-127.

第6章

格上基于身份的签名

本章首先介绍格上基于（以下简称格基）身份签名的研究现状，然后给出格基身份签名的形式化定义和安全模型，最后给出一个具体的格基身份的签名方案，并对方案的安全性进行分析和证明。

6.1 格基身份签名概述

在传统公钥密码体制中，验证用户的数字签名需要利用其公钥，而其公钥需要通过公钥管理机构颁发的公钥证书来获得。公钥管理机构的存在不仅会成为系统访问的“瓶颈”，而且存在着复杂的证书管理问题。1984 年，Shamir[1] 提出了基于身份的公钥密码体制，系统中不使用任何证书，而是将用户的身份，如姓名、E-mail、电话号码、身份证号码等作为其公钥，从而解决了传统密码学存在的问题。

然而，随着量子计算的发展，解决密码学中传统困难问题的量子算法将会不断涌现，目前已有分解整数和计算离散对数的量子算法[2]，量子计算机的大规模应用也只是个时间问题，因此，为避免量子时代的密码危机，设计基于新型、高效、能够抵抗量子攻击的困难问题的密码算法，是当今密码学的一个发展趋势。

基于格的公钥密码体制作为后量子密码的典型代表，具有密钥短、加解密速度快、抗量子攻击等优点。将其与基于身份的密码相结合，成为近年来基于格理论构造新的公钥密码体制研究的一个热点。它不仅为构造新型公钥密码体制开启了崭新的思路，而且具有较高的学术价值和广泛的应用前景。

在格基身份签名方面，参考文献［3］利用盆景树技术[4]和原像抽取算法提出了一个格上分层的基于身份的签名方案。参考文献［5］在随机模型下利用原像抽取算法[6]和格基代理技术[7]提出了一个格基身份签名方案，同时证明该签名方案可达到强不可伪造性。参考文献［8］利用 Boyen[9]提出的消息添加技术和 Agrawal、Boneh 和 Boyen[10]提出的格基代理技术，提出了标准模型下格上分层的基于身份的签名方案，并给出了方案的安全性证明。参考文献［11］利用 Lyubashevsky[12]提出的无陷门的格签名方案，提出了一个格基身份签名方案，并在随机模型下对方案的安全性进行了证明。此外，参考文献［13］同样利用参考文献［7］所提出的格基身份的加密方案，在标准模型下提出了一个高效且强不可伪造的格基身份的签名方案。

6.2　格基身份签名的定义和安全模型

6.2.1　格基身份签名的形式化定义

定义 6-1　一个格基身份的签名方案由以下 4 个算法组成。

① 系统初始化算法 Setup：该算法输入系统安全参数 k ，输出系统公开参数 PP 以主密钥 MSK ，其中 MSK 需要保密。

② 私钥生成算法 KeyGen：该算法输入系统公开参数 PP 、主密钥 MSK 和用户身份 ID ，输出身份为 ID 的用户私钥 sk_{ID} 。

③ 签名生成算法 Sign：该算法输入系统公开参数 PP 、身份为 ID 的用户私钥 sk_{ID} 和待签名消息 m ，输出一个在身份 ID 下对消息 m 的签名 σ 。

④ 签名验证算法 Verify：该算法输入系统公开参数 PP 、签名人的身份—消息对 (ID, m) 及签名 σ 。如果 σ 是一个由签名者所生成的有效签名，则输出 *True*；否则，输出 *False*。

6.2.2　格基身份签名的安全模型

一个格基身份签名方案应该在适应性选择消息和身份攻击下是安全的，并且可以抵抗存在性伪造攻击。这里的存在性伪造意味着攻击者试图去伪造一个在其所选择身份和消息下的签名。我们可以通过一个挑战者 C 与敌手 A 之间的游戏，定义格基身份签名在适应性选择消息和身份攻击下抵抗存在性伪造的安全模型，该游戏叙述如下。

系统初始化阶段：挑战者 C 运行 Setup 算法得到系统公开参数 PP 和主密钥 MSK，挑战者 C 将系统公开参数 PP 发送给敌手 A，自己保存 MSK。

询问阶段：敌手 A 可以适应性地向挑战者 C 提出一定数量的询问。每次询问是如下情况之一。

① 私钥询问：敌手 A 可以任意选择身份 ID 并询问其私钥 sk_{ID}。挑战者 C 运行 KeyGen 算法，得到身份 ID 的密钥 sk_{ID}，并将 sk_{ID} 发送给敌手 A。

② 签名询问：敌手 A 可以任意选择身份 ID 和消息 m，并询问在身份 ID 下对消息 m 的签名 σ。挑战者 C 先运行 KeyGen 算法得到身份 ID 的密钥 sk_{ID}，之后运行 Sign 算法生成身份 ID 在消息 m 上的签名 σ，并发送给敌手 A。

伪造阶段：敌手 A 输出在 (ID^*, m^*) 上的签名 σ^*。如果 σ^* 能够通过签名验证，则 σ^* 是一个有效的签名，并且敌手 A 之前没有询问过身份 ID^* 的私钥 sk_{ID^*} 及在身份 ID^* 下对消息 m^* 的签名 σ^*，那么，敌手 A 获胜。

我们把敌手 A 在上述游戏中获胜的优势定义为：

$$\mathrm{Adv}_{\mathrm{A}}(k) = \Pr[\mathrm{A}\ succeeds] \quad 。 \tag{6-1}$$

定义 6-2 在上述游戏中，如果不存在运行时间至多为 t、优势至少为 ε 的敌手 A，且敌手 A 进行私钥询问的次数最多为 q_E、签名询问的次数最多为 q_S，则该 LIBS 方案是 $(t, q_E, q_S, \varepsilon)$ 安全的。

6.3 一个有效的格基身份签名方案

本节利用 Gentry、Peikert 和 Vaikuntanathan[6] 提出的陷门生成算法和原像抽取算法，给出一个有效的格基身份签名方案，并在随机预言机模型下对方案的安全性进行了证明。

6.3.1 方案描述

本方案用到的参数有系统安全参数 n，素数 q，正整数 k，λ，$z > 5n\log q$，

实数 $l=O(\sqrt{n\log q})$ ，高斯参数 $s=l\cdot\omega(\sqrt{\log n})$ 及 $\mu=12s\lambda z$ 。方案由如下几个部分构成。

① Setup：系统首先运行算法 TrapGen(q, z) ，输出随机矩阵 $\boldsymbol{A}\in\mathbb{Z}_q^{n\times m}$ 及 $\Lambda^{\perp}(\boldsymbol{A})$ 上的一个基 B ，且有 $\|B\|\leqslant l$ ；然后选取两个 Hash 函数 $H_1:\{0, 1\}^*\rightarrow\mathbb{Z}_q^{n\times k}$ 和 $H_2:\{0, 1\}^*\rightarrow\{v: v\in(-1, 0, 1)^k, \|v\|\leqslant\lambda\}$ ；最后输出系统公开参数 $PP=\{A, H_1, H_2\}$ 、主密钥 $MSK=B$ 。

② KeyGen：给定身份 $ID\in\{0, 1\}^*$ ，系统利用公开参数 PP 和主密钥 MSK ，运行算法 SamplePre$(A, B, s, H_1(ID))$ 生成矩阵 $\boldsymbol{S}$ ，即身份对应的私钥 sk_{ID} 。这里有 $AS=H_1(ID)$ 且 $\|\boldsymbol{S}\|\leqslant s\sqrt{z}$ 。

③ Sign：给定身份 ID 的私钥 sk_{ID} 和消息 m^* ，随机选取矩阵 $\boldsymbol{X}\leftarrow D_{\mu}^{z}$ ，该算法计算 $h=H_2(A\boldsymbol{X}, m^*)$ ，$Y=sk_{ID}h+\boldsymbol{X}$ ，输出在身份 ID 下对消息 m^* 的签名 $\sigma=(h, Y)$ ；如果没有输出签名则重复该算法，直到输出该签名。

④ Verify：给定签名人的身份 ID 、消息 m^* 及签名 $\sigma=(h, Y)$ ，如果 $h=H_2(AY-H_1(ID)h, m^*)$ 且 $\|Y\|\leqslant 2\mu\sqrt{z}$ ，则 σ 是一个有效的签名。

6.3.2　方案的正确性

方案的正确性很容易由下面的等式得到验证：

$$AY-H_1(ID)h=AY-ASh=A(Y-Sh)=A\boldsymbol{X}。\qquad(6-2)$$

此外，根据参考文献［12］，可知 Y 的分布接近于 D_{μ}^{z} ，且有 $\|Y\|\leqslant 2\mu\sqrt{z}$ 。

6.3.3　方案的安全性分析

定义 6-3　我们说一个敌手 A $(t, q_{H_1}, q_{H_2}, q_E, q_S, \varepsilon)$ 攻破本节所提出的格基身份签名方案，如果敌手 A 的运行时间至多为 t，敌手 A 提出至多 $q_{H_i}(i=1, 2)$ 次 Hash 函数询问、至多 q_E 次私钥询问、至多 q_S 次签名询问，且获得的优势至少为 ε 。如果不存在这样的敌手 A，那么，我们所提出的签名方案 $(t, q_{H_1}, q_{H_2}, q_E, q_S, \varepsilon)$ 是安全的。

定理 6-1　在随机预言机模型下，假设存在一个敌手 A 能够以 $(t, q_{H_1}, q_{H_2}, q_E, q_S, \varepsilon)$ 攻破所提出的格基身份签名方案，那么存在一个算法 B，能够以优势 ε 解决 SIS 困难问题。

证明：假定存在一个攻破该方案的签名伪造者 A，那么，我们可以构造一个算法 B，它能够以运行时间至多为 t 、至少为 ε 的优势解决 SIS 问题，而这与 SIS 问题是一个困难问题相矛盾。

给定算法 B 一个 SIS 问题的实例，即寻找非零向量 $x \in \mathbb{Z}^m$ ，满足 $Ax = 0 \pmod q$ 且 $\|x\| \leqslant (4\mu + 2s\lambda)\sqrt{z}$ 。为了利用敌手 A 解决该 SIS 问题，算法 B 模仿挑战者 C 与敌手 A 的交互过程如下：

我们假定敌手 A 在对身份 ID 进行私钥询问前需先进行 H_2 询问，同样假定在身份 ID 下对消息 m 进行签名询问前需先进行 H_1 询问。

初始化阶段：输入系统安全参数 n ，算法 B 随机选取矩阵 $\boldsymbol{A} \in \mathbb{Z}_q^{n\times m}$ ，Hash 函数 $H_1: \{0, 1\}^* \to \mathbb{Z}_q^{n\times k}$ 和 $H_2: \{0, 1\}^* \to \{v: v \in (-1, 0, 1)^k, \|v\| \leqslant \lambda\}$ ，并将系统公开参数 $PP = \{\boldsymbol{A}, H_1, H_2\}$ 发送给敌手 A。

询问阶段：敌手 A 可以适应性地向挑战者 C 提出一定数量的询问。每次询问是如下情况之一。

① H_1 询问：为了响应对随机预言机 H_1 的询问，算法 B 维护一张三元组列表 $L_1 = (ID_i, P_i, \boldsymbol{S}_i)$ 。当敌手 A 对 ID_i 进行 H_1 询问时，算法 B 的响应如下。

如果 $(ID_i, P_i, \boldsymbol{S}_i)$ 已经存在于列表 L_1 中，则算法 B 响应 $H_1(ID) = P_i$ ；否则，算法 B 随机选取矩阵 $\boldsymbol{S}_i \in \mathbb{Z}^{m\times m}$ ，计算 $P_i = \boldsymbol{AS}_i$ ，把三元组 $(ID_i, P_i, \boldsymbol{S}_i)$ 添加到列表 L_1 中，并把 P_i 发送给敌手 A。

② 私钥询问：当敌手 A 询问身份 ID_i 的私钥时，算法 B 查找列表 L_1，并把 $\boldsymbol{S}_i$ 作为其私钥发送给敌手 A。

③ H_2 询问：当敌手 A 对 $(\boldsymbol{A}X_i, m_i)$ 进行 H_2 询问时，算法 B 维护一张三元组列表 $L_2 = (\boldsymbol{A}X_i, m_i, h_i)$ ，并进行如下响应。

如果 $(\boldsymbol{A}X_i, m_i, h_i)$ 在列表 L_2 中，则算法 B 响应 $H_2(\boldsymbol{A}X_i, m_i) = h_i$ ；否则，算法 B 在 $\{v: v \in (-1, 0, 1)^k, \|v\| \leqslant \lambda\}$ 中随机选取 h_i ，然后将 $(\boldsymbol{A}X_i, m_i, h_i)$ 存储在列表 L_2 中，并把 h_i 发送给敌手 A。

④ 签名询问：当敌手 A 询问消息 m_i 在身份 ID_i 下的签名时，算法 B 先从列表 L_1 中查找身份 ID_i 相应的私钥 S_i ，之后运行 Sign 算法，产生签名 $\sigma_i = (h_i, Y_i)$ ，并把 σ_i 发送给敌手 A。

伪造阶段：敌手 A 输出消息 m_i 在身份 ID_i 下的一个有效签名 σ_i ，并且敌手 A 没有询问消息 m_i 在身份 ID_i 下的签名。根据分叉引理[14] 和重放技术，敌手 A 输出消息 m_i 在身份 ID_i 下的一个新的签名 σ'_i ，满足 $h_i \neq h'_i$ 且 $\boldsymbol{A}Y_i - P_ih_i = \boldsymbol{A}Y'_i - P'_ih'_i$ ，则有 $\boldsymbol{A}Y_i - \boldsymbol{A}Y'_i + P'_ih'_i - P_ih_i = \boldsymbol{A}(Y_i - Y'_i + \boldsymbol{S}'_ih'_i - \boldsymbol{S}_ih_i) = 0$，此

即 SIS 问题实例的一个解。又由 $\|Y_i\| \leqslant 2\mu\sqrt{z}$，$\|Y'_i\| \leqslant 2\mu\sqrt{z}$，$\|S_i h_i\| \leqslant s\lambda\sqrt{z}$，$\|S'_i h'_i\| \leqslant s\lambda\sqrt{z}$，因而，可以得到 $\|Y_i - Y'_i + S'_i h'_i - S_i h_i\| \leqslant (4\mu + 2s\lambda)\sqrt{z}$。

因此，如果存在一个伪造者 A 能以不可忽略的概率伪造所提出的格基身份签名，那么就存在一个有效的算法 B 能以不可忽略的概率解决 SIS 问题，而这与 SIS 问题是一个困难问题相矛盾，故方案是（t，q_{H_1}，q_{H_2}，q_E，q_S，ε）安全的。

本节提出了一个在随机预言机模型下可证安全的格基身份签名方案，并利用 SIS 问题的困难性证明了在适应性选择消息和身份攻击下的不可伪造性。

参考文献

[1] SHAMIR A. Identity-based cryptosystems and signature schemes [C] //Proceedings of CRYPTO' 84, LNCS 196. Berlin: Springer-Verlag, 1985: 47-53.

[2] SHOR P W. Polynomial-time algorithms for prime factorization and discrete logarithms on a quantum computer [J]. SIAM journal on computing, 1997, 26 (5): 1484-1509.

[3] RÜCKERT M, DARMSTADT T. Strongly unforgeable signatures and hierarchical identity-based signatures from lattices without random oracles [C] //Proceedings of the Third International Workshop on Post-Quantum Cryptography, LNCS 6061. Berlin: Springer-Verlag, 2010: 182-200.

[4] CASH D, HOFHEINZ D, KILTZ EIKE, et al. Bonsai trees, or how to delegate a lattice basis [J]. Journal of cryptology, 2012, 25 (4): 601-639.

[5] XIA F, YANG B, SUN W. An efficient identity-based signature from lattice in the random oracle model [J]. Journal of computational information systems, 2011, 7 (11): 3963-3971.

[6] GENTRY C, PEIKERT C, VAIKUNTANATHAN V. Trapdoors for hard lattices and new cryptographic constructions [C] //Proceedings of the 40th Annual ACM Symposium on Theory of Computing. New York: ACM, 2008: 197-206.

[7] AGRAWAL S, BONEH D, BOYEN X. Efficient lattice (H) IBE in the standard model [C] // Proceedings of 29th Annual International Conference on the Theory and Applications of Cryptographic Techniques, LNCS 6110. Berlin: Springer-Verlag, 2010: 553-572.

[8] TIAN M, HUANG L S. A new hierarchical identity-based signature scheme from lattices in the standard model [J]. International journal of network security, 2012, 14 (6): 310-315.

[9] BOYEN X. Lattice mixing and vanishing trapdoors: a framework for fully secure short signatures and more [C] //Proceedings of the 13th International Conference on Practice and Theory in Public Key Cryptography, LNCS, 6056. Berlin: Springer-Verlag, 2010: 499-517.

[10] AGRAWAL S, BONEH D, BOYEN X. Lattice basis delegation in fixed dimension and shorter-

ciphertext hierarchical IBE [C] //Proceedings of the 30th Annual Cryptology Conference, LNCS 6223. Berlin: Springer-Verlag, 2010: 98-115.

[11] TIAN M. HUANG L S. Efficient identity-based signature from lattices [C] //Proceedings of the IFIP International Information Security Conference on ICT Systems Security and Privacy Protection. Berlin: Springer-Verlag, 2014: 321-329.

[12] LYUBASHEVSKY V. Lattice signatures without trapdoors [C] //Proceedings of the 31st Annual International Conference on the Theory and Applications of Cryptographic Techniques, LNCS 7237. Berlin: Springer-Verlag, 2012: 738-755.

[13] LIU Z H, HU Y P, ZHANG X S, et al. Efficient and strongly unforgeable identity-based signature scheme from lattices in the standard model [J]. Security and communication networks, 2013, 6 (1): 69-77.

[14] POINTCHEVAL D, STERN J. Security arguments for digital signatures and blind signatures [J]. Journal of cryptology, 2000, 13 (3): 361-396.

第 7 章

基于格的环签名

匿名性是密码学应用中的一个重要属性。在实际的应用中，如电子现金、电子选举和电子政务，需要确保签名者的信息不被泄露。环签名是一种可以实现签名人完全匿名性的数字签名技术。近年来，随着对环签名技术的不断深入研究，基于环签名及带有特殊性质环签名的应用也日益增多，其已成为密码学界当前的研究热点。

本章首先介绍环签名的基本概念和研究现状，然后给出基于格的门限环签名的形式化定义和安全模型，最后给出一个基于格的门限环签名方案，并对方案的安全性进行了分析和证明。

7.1 环签名概述

7.1.1 环签名概念

环签名的概念首先由 Rivest、Shamir 和 Tauman[1] 于 2001 年提出。环签名可以让用户以一种完全匿名的方式对消息进行签名，接收方只能确信签名来自某个群体，但是不知道是群体中的哪个成员对消息进行了签名。因此，环签名是作为一种泄露秘密的技术而被提出的，它可以使泄密者无条件匿名。

环签名可以看成是一种简化的群签名[2,3]。在环签名的方案中，只有群体的用户而没有群体的管理者。群签名和环签名的共同点：接收方都无法区别出是谁对消息进行签名。但是在群签名当中，群体的管理者可以在需要的时候指出谁是消息的签名者；而在环签名中，除了签名者以外，没有人能够恢复出签名者的身份，并且签名者只要简单地选取群成员的公钥和自己的私钥，就可以生成环签名。这种签名方法可以极大地降低相互认证的复杂性。

环签名具有以下特点。

① 没有群建立的过程，也无须特殊的群管理者。

② 签名人在签名前根据需要确定相应的签名群体，不需要预先加入或撤出某一群体。

③ 无法追踪签名人的身份，即能够通过验证确定签名者是某个群体中的一个成员，但无法指出该成员具体的身份信息。

一个环签名必须满足以下安全性要求。

① 无条件匿名性：即使攻击者获取了所有可能签名者的私钥，其能够确定出真实签名者的概率也不超过 $1/n$，这里，n 为环签名中成员的个数。

② 不可伪造性：攻击者在不知道任何成员私钥的情况下，即使能够获取任意有效的消息签名对，其也不能以不可忽略的优势成功伪造一个新消息的合法签名。

7.1.2 环签名研究现状

自从环签名的概念被提出后，引起了众多学者的关注。环签名的自发性、无条件匿名性和群特性使其具有广泛的应用领域，而不同的应用环境还要求环签名应具有一定的特殊性质。根据环签名所涉及的不同属性，可将环签名分为以下几类。

（1）门限环签名

2002 年，Bresson、Stern 和 Szydlo[4] 提出了一个门限环签名方案，并在随机预言机模型下证明了方案的安全性。2003 年，Wong 等人[5] 使用 Reed-Solomon Code 技术构造出环签名和门限环签名。2004 年，Chow、Hui 和 Yiu[6] 提出了第一个基于身份的门限环签名方案。该方案建立在秘密分享技术之上，并在随机预言机模型下证明了不可伪造性。同年，Liu 和 Wong[7] 对环签名的安全模型进行了划分，并给出了 3 个不同级别的安全模型，同时，指出同一方案在不同的安全模型下会有不同的安全性能。Tsang 等人[8] 首次提出了可分关联的门限环签名方案，并给出了方案的安全模型，同时，还提出了关联环签名的指责关联性和抗诽谤性的安全概念。Herranz 和 Saez[9] 提出了基于身份的分布式环签名的概念，并针对一般集合和门限集合，分别给出了两个具体方案。2005 年，Isshiki 和 Tanaka[10] 针对参考文献［4］提出的门限环签名在“ t 相对于 n 较大时方案效率较低”这一缺点，提出了改进方案。随后，人们又陆续提出了一些具有不同特性的门限环签名方案[11-17]。

（2）关联环签名

关联环签名是指签名验证者可以确认不同签名来自同一签名者，但无法确认签名者的身份，它是一类具有签名人关联性的环签名。2004 年，Liu、Wei 和 Wong[18] 首次提出了关联环签名的概念，并指出关联环签名满足自发性、无条件匿名性和关联性。同时，文献中给出了一个具体的关联环签名方案，并利用分叉引理证明了方案的安全性。同年，Tsang 等人[8] 将“可分”概念与关联环签名相结合，提出了一个可分关联环签名方案。2005 年，针对关联环签名的多种攻击情况，Liu 和 Wong[19] 提出了更强的安全模型，并给出了两个具体的方案。同年，Tsang 和 Wei[20] 提出了一个简短关联环签名方案，并将其应用于电子投票系统中。2006 年，Au 等人[21] 指出参考文献［20］提出的方案存在安全缺陷，其在分析已有关联环签名的安全模型基础上，提出了更加安全有效的模型，并提出了一个简短关联环签名方案。同年，Liu、Susilo 和 Wong[22] 又提出了一个具有指定关联性的关联环签名方案。

（3）可撤销匿名性的环签名

环签名虽然能够实现无条件匿名性，然而，在有些情况下需要撤销其匿名性。2005 年，Lee、Wen 和 Hwang[23] 提出了一个可转换的环签名方案。通过泄漏环签名的秘密信息，可将环签名转换为普通签名，这样，任何验证者都可以获取签名人的身份信息。2006 年，Komano 等人[24] 提出了具有可撤销匿名性和可否认性的环签名方案。不同于普通环签名，可否认的环签名通过使用零知识交互协议，允许验证者与签名人或环中的其他成员交互信息来确认签名人的真实身份。2007 年，Wang 和 Liu[25] 提出了一个可验证签名人身份的环签名方案，它允许指定的验证者验证签名人的身份，却无法向其他人证明签名人的身份。

（4）可否认的环认证和环签名

可否认的环认证是指签名人能够使指定验证者确信环签名是由某一群体中的

成员产生，却不能泄露签名人的身份，同时，此验证者不能使其他人确信此消息已被认证。这一概念由 Naor[26] 于 2002 年提出。2003 年，Susilo 和 Mu[27] 提出了非交互的可否认环认证方案，并针对多验证者情况，提出了可否认的环到门限环认证方案和可否认的环到环认证方案。

（5）无证书环签名

2007 年，Chow 和 Yap[28] 提出了第一个无证书的环签名方案，并给出了方案的安全模型。同年，Zhang 等人[29] 基于不同的困难问题假设提出了另一个无证书的环签名方案，然而，方案中签名的长度较长。2008 年，桑永宣和曾吉文[30] 在基于身份的分布环签名基础之上，给出了两种无证书的分布环签名方案。

（6）盲环签名

盲环签名不仅具有盲签名的盲性属性，而且具有环签名的匿名性，被广泛应用于电子选举、电子银行系统，如在电子银行系统中用于实现银行签名的匿名性及签名消息的盲性属性。2005 年，Chan 等人[31] 提出了第一个盲环签名方案，然而，该方案是不安全的。2006 年，Wu 等人[32] 提出了一个静态的盲环签名方案，然而，该方案不仅不满足无条件匿名性，而且方案的不可伪造性依赖于有争议的扩展 ROS 问题。同年，Javier 和 Fabien[33] 提出了一个签名长度为常量的盲环签名方案，并给出了方案的安全模型。2010 年，Zhang 等人[34] 提出了一个无须使用双线性对盲环签名方案。2012 年，参考文献［35］基于随机预言机模型提出了一个有效可证明安全的无证书盲环签名方案，并对方案的安全性进行了分析。

在基于格的环签名方面，王凤和、胡予濮和王春晓[36] 基于参考文献［37］在标准模型下提出了一个基于格的环签名方案，并证明方案满足固定环攻击下的不可伪造性；Wang 和 Sun[38] 等人利用格基代理技术分别提出了随机模型和标准模型下的环签名方案；田苗苗、黄刘生和杨威[39] 基于参考文献［40］在标准模型下利用 SIS 困难问题提出了一个基于格的环签名方案，并证明方案满足强不可伪造性；李明祥、安妮和封二英[41] 基于参考文献［42］提出了一个基于格的盲环签名方案，并在随机模型下利用 CTTI 问题证明了方案满足不可伪造性。

7.2 基于格的环签名的定义和安全模型

7.2.1 基于格的环签名的形式化定义

定义7-1 设$L=(ID_1, ID_2, \cdots, ID_n)$为环签名中$n$个成员的集合，消息为$m$，则基于格的环签名方案可由以下4个算法组成：

① 系统初始化算法Setup：该算法给定安全参数k，生成系统公开参数PP。

② 私钥提取算法Extract：该算法输入系统参数PP、用户ID，输出用户ID的公钥—私钥对(PK_{ID}, SK_{ID})，并将其发送给用户。

③ 签名生成算法Sign：该算法输入环签名中n个成员的集合$L=(ID_1, ID_2, \cdots, ID_n)$、消息$m$及签名者的私钥$SK_i(1 \leqslant i \leqslant n)$，输出在消息$m$下的环签名$\sigma$。

④ 签名验证算法Verify：该算法输入环签名σ、环签名中n个成员的集合$L=(ID_1, ID_2, \cdots, ID_n)$。如果$\sigma$是由$L$中某个成员签名生成的有效环签名，则输出*True*；否则，输出*False*。

7.2.2 基于格的环签名的安全模型

下面介绍基于格的环签名的安全模型，包括不可伪造性和无条件匿名性。

定义7-2 如果没有概率多项式时间的敌手A在下面的游戏中获得不可忽略的优势，就说明一个基于格的环签名满足适应性选择消息攻击下的存在不可伪造性。这里，我们通过一个敌手A与挑战者C之间的游戏来描述它们之间的交互过程。

初始化阶段：敌手A向挑战者C公开挑战身份$L^*=\{ID_1^*, ID_2^*, \cdots, ID_n^*\}$和消息$m^*$。挑战者C运行Setup算法生成系统参数$PP$，并发送给敌手A，保存主密钥$MSK$。

询问阶段：敌手A可以适应性地向挑战者C发起一定数量的如下询问。

① 私钥询问：敌手A选择用户ID，挑战者C计算其私钥SK_{ID}，并将其发送给敌手A。

② 签名询问：敌手A选择成员列表$L=(ID_1, ID_2, \cdots, ID_n)$及消息$m$。挑战者C首先运行Extract算法产生实际签名者的私钥$SK_i(1 \leqslant i \leqslant n)$，然后运行

Sign 算法生成环签名，并将其发送给敌手 A。

伪造阶段：敌手 A 输出在身份列表 $L^* = (ID_1^*, ID_2^*, \cdots, ID_n^*)$ 和消息 m^* 下伪造的门限环签名 σ^*，这里的限制条件是敌手 A 没有询问 L^* 中签名者 ID_i 的私钥及 (L^*, m^*) 没有出现在前面的签名询问中。如果对 σ^* 的验证结果不为 *False*，那么，敌手 A 赢得游戏。我们将敌手 A 的优势定义为其赢得游戏的概率：

$$\mathrm{Adv}_{\mathrm{A}}(k) = \Pr[\mathrm{A}\ succeeds]\ 。\tag{7-1}$$

定义 7-3　给定任意包含 n 个成员身份的列表 $L = (ID_1, ID_2, \cdots, ID_n)$ 对任意消息 m 的环签名 σ，如果任何敌手 A 能够识别实际签名者的优势不会大于随机猜测，即敌手 A 输出实际签名者的概率不会大于 $1/n$，则称该方案具有无条件匿名性。

7.3 基于格的环签名方案

这里基于参考文献［42，43］给出一个格上的环签名方案，并通过对方案的安全性进行分析，指出方案满足适应性选择消息攻击下的存在不可伪造性和匿名性。

7.3.1 方案描述

（1）系统初始化算法 Setup

该算法给定素数 $q \geqslant 3$，$m > 5n\log q$，$l = O(\sqrt{n\log q})$，$r = l \cdot \omega(\sqrt{\log n})$，Hash 函数 $H_1: \{0, 1\}^* \to \mathbb{Z}_q^n$，生成系统所需的公开参数。

（2）私钥提取算法 Extract

该算法给定用户身份 ID_i，其运行算法 $\mathrm{TrapGen}(1^\lambda)$ 输出矩阵 $\boldsymbol{A}_i \in \mathbb{Z}_q^{n\times m}$ 及 $\Lambda^\perp(\boldsymbol{A}_i)$ 上的一个基 B_i，且有 $\|B_i\| \leqslant l$，则用户 ID_i 的公钥—私钥对为 $(PK_i = \boldsymbol{A}_i, SK_i = B_i)$。

（3）签名生成算法 Sign

该算法给定消息 $M \in \{0, 1\}^*$、环签名中 t 个成员的集合 $L = (ID_1, ID_2, \cdots, ID_t)$，以及它们的公钥 $R = \{\boldsymbol{A}_1, \boldsymbol{A}_2, \cdots, \boldsymbol{A}_t\} \in \mathbb{Z}_q^{n\times m}$。假定实际的签名者为 ID_i，其私钥为 B_i，该签名者通过执行下面的步骤来生成环签名：

① 计算 $\boldsymbol{A}_L = \{\boldsymbol{A}_1\|, \cdots, \|\boldsymbol{A}_t\} \in \mathbb{Z}_q^{n\times tm}$ 和 $y = H_1(M)$，并用 pos_L 来表示环 $L =$

$(ID_1, ID_2, \cdots, ID_t)$ 中成员的位置关系。

② 运行算法 $\text{GenSamplePre}(\boldsymbol{A}_L, \boldsymbol{A}_i, B_i, y, r) \to e$，这里 e 的分布为 $D_{\Lambda_y^{\perp}\boldsymbol{A}_L, r}$。

③ 签名者 ID_i 输出对消息 m 和成员集合 L 的环签名为 $\sigma = (e, pos_L)$。

(4) 签名验证算法 Verify

该算法给定消息 $M \in \{0, 1\}^*$、环 $L = (ID_1, ID_2, \cdots, ID_t)$ 中成员的公钥 $R = \{\boldsymbol{A}_1, \boldsymbol{A}_2, \cdots, \boldsymbol{A}_t\} \in \mathbb{Z}_q^{n\times m}$，以及环签名为 $\sigma = (e, pos_L)$，签名验证者可按照如下步骤来验证 $\sigma = (e, pos_L)$ 是否为一个有效的环签名。

① 满足 $0 \leqslant \|e\| \leqslant r\sqrt{tm}$。

② 满足 $H_1(M) = \boldsymbol{A}_L e \bmod q$。

当且仅当以上条件都成立时，σ 是一个有效的环签名。

7.3.2　方案安全性分析

下面证明方案满足无条件匿名性和选择消息攻击下的存在不可伪造性。

定理 7-1　在 ISIS 困难问题假设下，给出的环签名方案满足无条件匿名性。

证明：假设敌手 A 能以不可忽略的优势攻击上面的方案，则能够构造算法 B，B 可以利用敌手 A 解决 ISIS 问题。设 q_E 表示敌手 A 发起私钥提取询问的次数，算法 B 模仿敌手 A 的挑战者，它们的交互过程如下。

初始化阶段：算法 B 运行 q_E 次算法 $\text{TrapGen}(1^{\lambda})$，产生矩阵 $\boldsymbol{A}_i \in \mathbb{Z}_q^{n\times m}$ 及 $\Lambda^{\perp}(\boldsymbol{A}_i)$ 上的一个基 B_i，其中，$1 \leqslant i \leqslant q_E$。算法 B 维护一张三元组列表 $L_1 = (i, \boldsymbol{A}_i, B_i)$，并把系统参数 $PP = \{\boldsymbol{A}_1, \boldsymbol{A}_2, \cdots, \boldsymbol{A}_{q_E}\}$ 发送给敌手 A。

询问阶段：当敌手 A 发起如下询问时，算法 B 进行如下响应。

① H_1 询问：为了响应对随机预言机 H_1 的询问，算法 B 维护一张二元组列表 $L_2 = (M_i, y_i)$。当敌手 A 对 M_i 进行 H_1 询问时，算法 B 的响应如下。

如果 (M_i, y_i) 已经存在于列表 L_2 中，则算法 B 响应 $y_i = H_1(M_i)$；否则，算法 B 随机选取向量 $y_i \in \mathbb{Z}_q^n$，把二元组 (M_i, y_i) 添加到列表 L_2 中，并把 y_i 发送给敌手 A。

② 私钥询问：当敌手 A 询问身份 ID_i 的私钥时，算法 B 查找列表 L_1，并把 B_i 作为其私钥发送给敌手 A。

③ 签名询问：给定环 $L = (ID_1, ID_2, \cdots, ID_t)$ 中成员的公钥 $R = \{\boldsymbol{A}_1, \boldsymbol{A}_2, \cdots, \boldsymbol{A}_t\} \in \mathbb{Z}_q^{n\times m}$，当敌手 A 询问消息 M_j 在实际签名者 ID_i 下的环签名时，算法 B 首先从列表

L_1 中查找身份 ID_i 相应的私钥 B_i，然后运行 Sign 算法，产生签名 $\boldsymbol{\sigma}_i=(e, pos_L)$，并把 σ_i 发送给敌手 A。

在这一阶段中，敌手 A 选择环 L^*、消息 M^* 及环 L^* 中任意两个成员的身份 $ID_{i_0}^*$ 和 $ID_{i_1}^*$ 发送给算法 B。算法 B 首先任意选择一位 $b\in\{0, 1\}$，然后在列表 L_2 中查询 (M^*, y_{i_b})，并运行 Sign 算法输出 $\boldsymbol{\sigma}^*=(e^*, pos_{L^*})$。最后，敌手 A 输出对 b 的猜测 b'。在签名产生过程中，利用了域 $D_{R^*}=\{e\in\mathbb{Z}^{tm}: \|e\|\leqslant r\sqrt{tm}\}$ 上的一个单向函数 $f_{A_{L^*}}(e)=\boldsymbol{A}_{L^*}e\bmod q$，如果敌手 A 能以不可忽略的概率输出对 b 的猜测 b'，那么就存在一个算法 B 能以不可忽略的概率解决 ISIS 问题，而这与 ISIS 问题是一个困难问题相矛盾，故方案满足无条件匿名性。

定理 7-2 在 SIS 困难问题假设下，给出的环签名方案满足存在不可伪造性。

证明：假设敌手 A 能以不可忽略的优势攻击上面的方案，则能够构造算法 B，算法 B 可以利用敌手 A 解决 SIS 问题。设 q_E 表示敌手 A 发起私钥提取询问的次数，算法 B 模仿敌手 A 的挑战者，它们的交互过程如下。

初始化阶段：算法 B 任意选择 $t(1<t\leqslant q_E)$ 作为目标环 L^* 中成员的个数，任意选择矩阵 $\boldsymbol{A}_{L^*}\in\mathbb{Z}_q^{n\times tm}$，其中，矩阵 $\boldsymbol{A}_{L^*}$ 中的元素为 $\boldsymbol{A}_{i^*}\in\mathbb{Z}_q^{n\times m}(1\leqslant i\leqslant t)$。这里将 $\boldsymbol{A}_{L^*}$ 作为 SIS 问题的一个实例。然后，算法 B 任意选择一个向量 $v=(v_1, v_2, \cdots, v_t)$，其中，$1\leqslant v_i\leqslant q_E$，$1\leqslant i\leqslant t$。如同在定理 7-1 证明中的那样，算法 B 维持两个列表 L_1 和 L_2。对于 $1\leqslant i\leqslant q_E$，$i\notin v$，算法 B 运行算法 TrapGen$(1^\lambda)$，产生矩阵 $\boldsymbol{A}_i\in\mathbb{Z}_q^{n\times m}$ 及 $\Lambda^\perp(\boldsymbol{A}_i)$ 上的一个基 B_i，并将 $(i, \boldsymbol{A}_i, B_i)$ 添加到列表 L_1 中。如果 $1\leqslant i\leqslant q_E$，$i\in v$，算法 B 令 $\boldsymbol{A}_i=\boldsymbol{A}_{i^*}$，然后将系统公开参数 $PP=\{\boldsymbol{A}_1, \boldsymbol{A}_2, \cdots, \boldsymbol{A}_{q_E}\}$ 发送给敌手 A。

询问阶段：当敌手 A 发起如下询问时，算法 B 进行如下响应。

① H_i 询问：当敌手 A 对 M_j 进行 H_i 询问时，算法 B 运行算法 SampleDom$(1^\lambda)\rightarrow e_j$，计算 $\boldsymbol{A}_{L^*}e_j\bmod q\rightarrow y_j$，将 (M_j, e_j, y_j) 添加到列表 L_2 中，并把 y_j 发送给敌手 A。

② 私钥询问：当敌手 A 询问身份 ID_i 的私钥时，如果 $i\notin v$，算法 B 查找列表 L_1，并把 B_i 作为其私钥发送给敌手 A；否则，算法 B 失败退出。

③ 签名询问：给定目标环 $L^*=(ID_1^*, ID_2^*, \cdots, ID_t^*)$，当敌手 A 询问消息 M_j 在实际签名者 ID_i^* 下的环签名时，算法 B 首先从列表 L_1 中查找身份 ID_i^* 相应的私钥 B_{i^*}，然后运行 Sign 算法，产生签名 $\boldsymbol{\sigma}_{i^*}=(e^*, pos_{L^*})$，并把 $\boldsymbol{\sigma}_{i^*}$ 发

送给敌手 A。

伪造阶段：敌手 sk_i 输出消息 M_k 在环 $L^* = (ID_1^*, ID_2^*, \cdots, ID_t^*)$ 下的一个有效签名 σ_k，并且敌手没有询问消息 M_k 在 $L^* = (ID_1^*, ID_2^*, \cdots, ID_t^*)$ 下的环签名。根据分叉引理和重放技术，敌手 A 输出消息 M_k 在环 $L^* = (ID_1^*, ID_2^*, \cdots, ID_t^*)$ 下的一个新的签名 σ'_k，满足 $y_k \neq y'_k$ 且 $\boldsymbol{A}_{L^*} e_j = \boldsymbol{A}_{L^*} e'_j \bmod q$，则有 $\boldsymbol{A}_{L^*}(e_j - e'_j) = 0 \bmod q$，此即 SIS 问题实例的一个解。

因此，如果存在一个敌手 A 能以不可忽略的概率伪造所提出的基于格的环签名，那么就存在一个算法 B 能以不可忽略的概率解决 SIS 问题，而这与 SIS 问题是一个困难问题相矛盾，故方案满足适应性选择消息攻击下的存在不可伪造性。

参考文献

[1] RIVEST R L, SHAMIR A, TAUMAN Y. How to leak a secret [C] //Proceedings of the 7th International Conference on the Theory and Application of Cryptology and Information Security, LNCS 2248. Berlin: Springer-Verlag, 2001: 552-565.

[2] CAMENISCH J, STADLER M. Efficient group signature schemes for large groups [C] //Proceedings of the 17th Annual International Cryptology Conference on Advances in Cryptology, LNCS 1294. Berlin: Springer-Verlag, 1997: 410-424.

[3] BELLARE M, MICCIANCIO D, WARINSCHI B. Foundations of group signatures: formal definitions, simplified requirements and a construction based on general assumptions [C] //Proceedings of the International Conference on the Theory and Applications of Cryptographic Techniques on Advances in Cryptology, LNCS 2656. Berlin: Springer-Verlag, 2003: 614-629.

[4] BRESSON E, STERN J, SZYDLO M. Threshold ring signatures and applications to ad-hoc groups [C] //Proceedings of the 22nd Annual International Cryptology Conference, LNCS 2442. Berlin: Springer-Verlag, 2002: 465-480.

[5] WONG D S, FUNG K, LIU J K, et al. On the rs-code construction of ring signature schemes and a threshold setting of RST [C] //Proceedings of the 5th International Conference on Information and Communications Security, LNCS 2836. Berlin: Springer-Verlag, 2003: 34-46.

[6] Chow S S M, Hui L C K, Yiu S M. Identity based threshold ring signature [C] //Proceedings of the 7th International Conference on Information Security and Cryptology, LNCS 3506. Berlin: Springer-Verlag, 2005: 218-232.

[7] LIU J K, WONG D S. On the security models of (threshold) ring signature schemes [C] //Proceedings of the 7th International Conference on Information Security and Cryptology, LNCS

3506. Berlin: Springer-Verlag, 2005: 204-217.

[8] TSANG P P, WEI V K, CHAN T K, et al. Separable linkable threshold ring signatures [C] //Proceedings of the 5th International Conference on Cryptology in India, LNCS 3348. Berlin: Springer-Verlag, 2005: 384-398.

[9] HERRANZ J, SAEZ G. Distributed ring signatures for identity-based scenarios [EB/OL]. [2019-04-26]. http://citeseerx.ist.psu.edu/viewdoc/download? doi=10.1.1.66.1458&rep=rep1&type=pdf.

[10] ISSHIKI T, TANAKA K. An (n-t)-out-of-n threshold ring signature scheme [C] //Proceedings of the 10th Australasian Conference on Information Security and Privacy, LNCS 3574. Berlin: Springer-Verlag, 2005: 406-416.

[11] XIONG H, QIN Z G, LI F G, et al. Identity-based threshold ring signature without pairings [C] //Proceedings of the International Conference on Communications, Circuits and Systems, IEEE Xplore, 2008: 478-482.

[12] MELCHOR C A, CAYREL P L, GABORIT P. A new efficient threshold ring signature scheme based on coding theory [C] //Proceedings of the 2nd International Workshop on Post-Quantum Cryptography, LNCS 5299. Berlin: Springer-Verlag, 2008: 1-16.

[13] WANG H Q, ZHANG F T, SUN Y F. Cryptanalysis of a generalized ring signature scheme [J]. IEEE transactions on dependable and secure computing, 2009, 6 (2): 149-151.

[14] HU C Y, LIU P T. A new ID-based ring signature scheme with constant-size signature [C] //Proceedings of the 2nd International Conference on Computer Engineering and Technology, IEEE Xplore, 2010: 579-581.

[15] WANG H Q, HAN S J. A provably secure threshold ring signature scheme in certificateless cryptography [C] //Proceedings of the International Conference on Information Science and Management Engineering, Washington IEEE Computer Society, 2010: 105-108.

[16] 孙华，郭磊，郑雪峰，等. 签名长度固定的基于身份门限环签名方案 [J]. 计算机应用，2012，32 (5): 1385-1387.

[17] 孙华，郭磊，郑雪峰，等. 一种标准模型下基于身份的有效门限环签名方案 [J]. 计算机应用研究，2012，29 (6): 2258-2261.

[18] LIU J K, WEI V K, WONG D S. Linkable spontaneous anonymous group signature for ad hoc groups [C] //Proceedings of the 9th Australasian Conference on Information Security and Privacy, LNCS 3108. Berlin: Springer-Verlag, 2004: 325-335.

[19] LIU J K, WONG D S. Linkable ring signatures: security models and new schemes [C] //Proceedings of the International Conference on Computational Science and Its Applications, LNCS 3481. Berlin: Springer-Verlag, 2005: 614-623.

[20] TSANG P P, WEI V K. Short linkable ring signatures for e-voting, e-cash and attestation [C] //Proceedings of the 1st International Conference on Information Security Practice and Experience, LNCS 3439. Berlin: Springer-Verlag, 2005: 48-60.

[21] AU M H, CHOW S S M, SUSILO W, et al. Short linkable ring signatures revisited [C] //Proceedings of the 3rd European PKI Workshop on Theory and Practice, LNCS 4043. Berlin: Springer-Verlag, 2006: 101-115.

[22] LIU J K, SUSILO W, WONG D S. Ring signature with designated linkability [C] //Proceedings of the 1st International Workshop on Security, LNCS 4266. Berlin: Springer-Verlag, 2006: 104-119.

[23] LEE K C, WEN H A, HWANG T. Convertible ring signature [J] . IEEE proceedings communications. 2005, 152 (4): 411-414.

[24] KOMANO Y, OHTA K, SHIMBO A, et al. Toward the fair anonymous signatures: deniable ring signatures [C] //Proceedings of The Cryptographers' Track at the RSA Conference, LNCS 3860. Berlin: Springer-Verlag, 2006: 174-191.

[25] WANG C H, LIU C Y. A new ring signature scheme with signer-admission property. Information sciences, 177 (3): 747-754.

[26] NAOR M. Deniable ring authentication [C] //Proceedings of the 22nd Annual International Cryptology Conference on Advances in Cryptology, LNCS 2442. Berlin: Springer-Verlag, 2002: 481-498.

[27] SUSILO W, MU Y. Non-interactive deniable ring authentication [C] //Proceedings of the 6th International Conference on Information Security and Cryptology, LNCS 2971. Berlin: Springer-Verlag, 2004: 386-401.

[28] CHOW S S M, YAP W S. Certificateless ring signatures. Cryptology ePrint Archive, Report 2007/236 [EB/OL] . [2019-04-26] . http: //eprint. iacr. org/2007/236.

[29] ZHANG L, ZHANG F T, WU W. A provably secure ring signature scheme in certificateless cryptography [C] //Proceedings of the 1st International Conference on Provable Security, LNCS 4784. Berlin: Springer-Verlag, 2007: 103-121.

[30] 桑永宣，曾吉文．两种无证书的分布环签名方案 [J] ．电子学报，2008，36 (7)：1468-1472.

[31] CHAN T K, FUNG K, LIU J K, et al. Blind spontaneous anonymous group signatures for Ad Hoc groups [C] //Proceedings of the 1st European Workshop on Security in Ad-hoc and Sensor Networks, LNCS 3313. Berlin: Springer-Verlag, 2005: 82-94.

[32] WU Q H, ZHANG F G, SUSILO W, et al. An efficient static blind ring signature scheme [C] //Proceedings of the 8th International Conference on Information Security and Cryptology, LNCS 3935. Berlin: Springer-Verlag, 2006: 410-423.

[33] JAVIER H, FABIEN L. Blind ring signatures secure under the chosen-target-CDH assumption [C] //Proceedings of the 9th International Conference on Information Security, LNCS 4176. Berlin: Springer-Verlag, 2006: 117-130.

[34] ZHANG J H, CHEN H, LIU X, et al. An efficient blind ring signature scheme without pairings [C] //Proceedings of the 2010 International Conference on Web-age Information Management, LNCS 6185. Berlin: Springer-Verlag, 2010: 177-188.

[35] 孙华, 王爱民, 郑雪峰. 一个可证明安全的无证书盲环签名方案 [J]. 计算机应用研究, 2013, 30 (8): 2510-2514.

[36] 王凤和, 胡予濮, 王春晓. 格上基于盆景树模型的环签名 [J]. 电子与信息学报, 2010, 32 (10): 2400-2403.

[37] CASH D, HOFHEINZ D, KILTZ EIKE, et al. Bonsai trees, or how to delegate a lattice basis [C] //Proceedings of the 29th Annual International Conference on the Theory and Applications of Cryptographic Techniques on Advances in Cryptology-EUROCRYPT 2010, LNCS 6110. Berlin: Springer-Verlag, 2010: 523-552.

[38] WANG J, SUN B. Ring signature schemes from lattice basis delegation [C] //Proceedings of the 13th International Conference on Information and Communications Security, LNCS 7043. Berlin: Springer Verlag, 2011: 15-28.

[39] 田苗苗, 黄刘生, 杨威. 高效的基于格的环签名方案 [J]. 计算机学报, 2012, 35 (4): 712-718.

[40] BOYEN X. Lattice mixing and vanishing trapdoors: a framework for fully secure short signatures and more [C] //Proceedings of the 13th International Conference on Practice and Theory in Public Key Cryptography, LNCS 6056. Berlin: Springer-Verlag, 2010: 499-517.

[41] 李明祥, 安妮, 封二英. 一种有效的基于格的盲环签名方案 [J]. 计算机应用与软件, 2015, 32 (7): 301-304.

[42] GENTRY C, PEIKERT C, VAIKUNTANATHAN V. Trapdoors for hard lattices and new cryptographic constructions [C] //Proceedings of the 40th Annual ACM Symposium on Theory of Computing. New York: ACM, 2008: 197-206.

[43] CASH D, HOFHEINZ D, KILTZ E. How to delegate a lattice basis. Cryptology ePrint Archive, Report 2009/351 (2009) [EB/OL]. [2019-04-26]. http: //eprint. iacr. org/2009/351.

第8章 签 密

加密和数字签名是公钥密码体制中两大重要的基本功能，其中，加密用来保证消息的机密性，而数字签名则用来提供消息的完整性、认证性和不可否认性。以往加密和签名功能是分开使用的，但随着信息传输的数字化和网络化，一些网上应用服务需要同时满足传输信息的机密性和认证性。为了同时达到保密和认证的要求，通常做法是“先签名再加密”，然而，这种做法的计算量和通信开销较大，因而效率较低。

1997年，Zheng[1] 首次提出了签密这一密码原语，同时提出了一个有效的签密方案，它结合了公钥加密和数字签名的功能，能够在一个操作步骤内同时完成加密和数字签名两项功能。近年来，随着对签密技术的广泛关注，签密研究迅速发展起来。目前，对签密的研究已从理论上的分析、设计向应用领域推进，并得到了广泛的应用。

本章首先介绍签密的研究现状和安全特性；然后给出基于身份签密（identity-based signcryption，IBSC）的形式化定义和安全模型，以及两个基于身份的签密方案；最后分别在标准模型和随机预言机模型下，给出两个无证书的签密（certificateless signcrypiton，CLSC）方案，并通过对方案的安全性进行分析，指出它们满足相应的安全特性。

8.1 签密概述

8.1.1 签密的研究现状

自从签密的概念被提出之后，国内外许多学者对签密展开了广泛而深入的研究，特别是在基于身份和无证书的公钥密码体制下，围绕签密方案的分析、安全模型及构造和应用等方面，取得了不少的研究成果。

在 Zheng 所提出的签密方案[1] 中，由于其不可否认性是基于交互式零知识证明实现的，因而效率较低。1998 年，Petersen 和 Michels[2] 指出，Zheng 的方案为取得不可否认性，严重削弱了其保密性。同年，Bao 和 Deng[3] 提出了一个用发送者公钥直接验证签名合法性的签密方案，从而有效实现了不可否认性。1999 年，Gamage、Leiwo 和 Zheng[4] 也提出了一个不需要明文就能验证签名合法性的签密方案，即发送者对密文进行签名。2000 年，Steinfeld 和 Zheng[5] 提出了一个基于大整数因子分解困难性的签密方案。2001 年，Yum 和 Lee[6] 基于标准数字签名方案提出了一个可验证的签密方案。2002 年，Shin、Lee 和 Shim[7] 基于数字签名标准算法提出了一个可验证的签密方案。2003 年，Malone-Lee 和 Mao[8] 利用 RSA 算法构造了一个签密方案。2005 年，Hwang、Lai 和 Su[9] 基于椭圆曲线提出了一个满足公开验证性和前向安全性的签密方案。

在基于身份的签密方面，2002 年，Malone-Lee[10] 首先提出了基于身份的签密概念，并利用双线性对给出了一个基于身份的签密方案。2003 年，Libert 和 Quisquater[11] 指出参考文献［10］中所提出的签密方案不满足语义安全性，并提出了新的基于身份的签密方案，可是，这些方案不能同时满足公开验证性和前向安全性。后来，Boyen[12] 提出了一个基于身份的签密方案，该方案不仅能够同时提供公开验证性和前向安全性，还能提供密文的无关联性、认证性和匿名性。2004 年，Chow 等人[13] 提出了一个能够同时提供公开验证性和前向安全性的基于身份的签密方案。2005 年，Chen 和 Malone-Lee[14] 提出了一个只需 3 个双线性对运算的基于身份的签密方案。同年，Barreto 等人[15] 基于特殊的密钥生成方式提出了一个只需 2 个双线性对运算的基于身份的签密方案。2006 年，李发根、胡玉濮和李刚[16] 提出了一个只需 2 个双线性对运算的基于身份的签密方案。2010年，张明武等人[17] 指出，参考文献［16］中所提出的签密方案不满足语义安全性和存在不可伪造性。同年，Sun 和 Li[18] 结合传统公钥密码体制和基于身份的公钥密码体制提出了有效的签密方案及多接收者签密方案。以上所提出的签密方案都是在随机预言机模型下证明其安全性的。2009年，Yu 等人[19] 在标准模型下提出了第一个基于身份的签密方案。2010年，Jin、Wen 和 Du[20] 及 Zhang 和 Xu[21] 分别指出参考文献［19］中所提出了的签密方案不满足语义安全性，并提出了改进方案。2012年，Kushwah 和 Lal[22] 提出了一个在标准模型下可公开验证的基于身份的签密方案。

在无证书签密方面，2008年，Barbosa 和 Farshim[23] 提出了第一个无证书的签密方案。同年，Diego 等人[24]、Wu 和 Chen[25] 分别提出了一个无证书的签密方案。2009年，Li、Shirase 和 Takagi[26] 提出一个无证书的混合签密方案，然而，Selvi、Vivek 和 Rangan[27] 指出该方案存在安全漏洞，并提出了一个改进方案。同年，Xie 和 Zhang[28] 也提出了一个高效的无证书签密方案。然而，参考文献［29］和参考文献［30］指出 Xie 和 Zhang[28] 所提出的签密方案同样存在着安全漏洞。此外，王会歌等人[31] 提出了一个可公开验证的无证书签密方案。然而，宋明明、张彰和谢文坚[32] 指出参考文献［31］中所提出的签密方案，既不满足存在不可伪造性，又不能提供机密性。以上的无证书签密方案都是基于双线性对构造的。2008年，Barreto 等人[33] 提出了一个无双线性对运算的无证书签密方案。2010年，Xie 和 Zhang[34] 也提出了一个无双线性对的无证书签密方案。同年，Liu 等人[35] 在标准模型下提出了第一个无证书的签密方案，然而，该方案对第一类攻击者不满足机密性。随后，Jin、Wen 和 Zhang[36] 针对 Liu 等人[35] 所提出的签密方案提出了一个改进方案。此外，向新银[37] 及王培东、解英和解凤强[38] 也分别提出了一个标准模型下的无证书签密方案，然而，参考文献［39］指出这两个方案都不满足存在不可伪造性。

8.1.2 签密的安全特性

目前，针对签密的研究主要有两个方向：一是具体签密方案的设计，它的目标是在不同的公钥密码体制下设计标准模型或是随机预言机模型下可证安全的签密方案；二是具有特殊性质的签密方案设计，它的目标是研究可以实现特殊功能的签密，如环签密、门限签密、代理签密等。相比传统的“先签名后加密”，签密具有如下优点。

① 签密在计算量和通信成本开销上都要低于传统的“先签名后加密”。

② 签密允许并行进行一些复杂的密码运算。

③ 设计合理的签密方案可以获得更高的安全水平。

④ 签密可以简化需要同时满足保密和认证的密码协议的设计。

一个安全的签密体制，通常需要满足以下安全特性。

① 机密性：攻击者从一个密文中获取任何明文信息在计算上是不可行的。

② 不可伪造性：攻击者产生一个合法的签密密文在计算上是不可行的。

③ 不可否认性：发送者不能否认其已经签密过的消息。也就是说，消息的接收者可以向第三方证明发送者的确发送过此消息。对签密方案来说，保密性意味着只有接收者才可以解密并阅读明文。目前有 3 种方法：一是交互式零知识证明，这种方法效率较低；二是接收者恢复明文后，将明文和明文的签名一起提交给第三方；三是发送者对密文进行签名。

④ 前向安全性：如果某个用户的私钥被意外泄露或窃取，第三方也不能恢复出其过去所签密消息的明文。

⑤ 过去恢复性：发送者可以利用自己的私钥恢复出其过去所签密消息的明文。

值得注意的是，并不要求所有的签密方案都要满足以上的全部特性，但一个签密方案至少需要满足保密性和不可伪造性，这两个安全特性也是目前签密体制形式化定义的基本安全概念。

8.2 基于身份的签密

8.2.1 基于身份签密的形式化定义

定义 8–1 一个基于身份的签密方案由以下 4 个算法组成。

① 系统初始化算法 Setup：该算法给定系统安全参数 k，生成系统参数 $params$ 及相应的主密钥 msk。其中，系统参数 $params$ 是公开的，而主密钥 msk 是保密的。

② 私钥提取算法 Extract：该算法输入系统参数 $params$、主密钥 msk 和用户身份 ID，输出身份为 ID 的用户私钥 S_{ID}，并将其秘密发送给它。

③ 签密算法 Signcrypt：该算法输入待签密消息 m 、签密发送者 ID_S 的私钥 S_{ID_S} 及签密接收者的身份 ID_R ，输出密文 $c = \mathrm{Signcrypt}(m, S_{ID_S}, ID_R)$ 。

④ 解签密算法 Unsigncrypt：该算法输入签密发送者的身份 ID_S 、签密接收者 ID_R 的私钥 S_{ID_R} 及密文 c 。如果 c 是一个有效的密文，则返回消息 m ；否则，输出 $\perp$ 。

8.2.2 基于身份签密的安全模型

签密体制的主要安全目标是保密性和不可伪造性。保密性是指能够满足适应性选择密文攻击下的不可区分性，即语义安全性。不可伪造性是指满足适应性选择消息和身份攻击下的存在不可伪造性。下面介绍这两个安全目标的定义。

定义 8-2 如果没有概率多项式时间的敌手 A 在下面的游戏中获得不可忽略的优势。就说明一个基于身份的签密方案在适应性选择密文攻击下是不可区分的（IND-IBSC-CCA）。这里，我们通过一个敌手 A 与挑战者 C 之间的游戏来描述它们之间的交互过程。

初始化阶段：挑战者 C 运行 Setup 算法生成系统参数 $params$ ，并发送给敌手 A，保存主密钥 msk 。

第一阶段：敌手 A 可以适应性地向挑战者 C 发出如下一定数量的询问，即每一次的询问都可以根据前一次的回答进行调整。

① 私钥询问：敌手 A 任意选择身份 ID 。挑战者 C 运行 Extract 算法计算身份 ID 的私钥 S_{ID} ，并将其发送给敌手 A。

② 签密询问：敌手 A 选择身份为 ID_S 的签密发送者、身份为 ID_R 的签密接收者和消息 m 。挑战者 C 首先运行 Extract 算法计算 ID_S 的私钥 S_{ID_S} ，然后运行 Signcrypt 算法生成签密 c ，并将其发送给敌手 A。

③ 解签密询问：敌手 A 选择身份为 ID_S 的签密发送者、身份为 ID_R 的签密接收者和密文 c 。挑战者 C 首先运行 Extract 算法计算 ID_R 的私钥 S_{ID_R} ，然后运行 Unsigncrypt 算法将解密后的结果发送给敌手 A。如果 c 是一个有效的签密，则返回消息 m ；否则，返回 $\perp$ 。

挑战阶段：敌手 A 任选两个长度相同的消息 m_0、m_1，身份为 ID_S 的签密发送者及将要发起挑战的身份 ID_R 。挑战者 C 任意选取一位 $b \in \{0, 1\}$ ，计算 $c^* = Signcrypt(m_S, S_{ID_S}, ID_R)$ ，并将其发送给敌手 A。

第二阶段：敌手 A 可以如第一阶段那样发起一定数量的任意询问，但其不能

询问 ID_R 的私钥，且不能对签密 c^* 发起解密询问，同时不能对 m_0 或 m_1 在身份 ID_S 下进行签密询问。

猜测阶段：在游戏最后，敌手 A 输出一位 b'。如果 $b=b'$，那么，敌手 A 赢得游戏。我们将敌手 A 获得成功的优势定义为：

$$\mathrm{Adv}_{\mathrm{A}}^{\mathrm{IND\text{-}IBSC\text{-}CCA}}(k)=|2\Pr[b=b']-1|。\tag{8-1}$$

定义 8-3 如果没有概率多项式时间的敌手 A 在下面的游戏中获得不可忽略的优势，就说明一个基于身份的签密方案满足适应性选择消息和身份攻击下的存在不可伪造性（EU-IBSC-CMIA）。我们通过一个敌手 A 与挑战者 C 之间的游戏来描述它们之间的交互过程。

初始化阶段：挑战者 C 运行 Setup 算法生成系统参数 $params$，并发送给敌手 A，而将 msk 保密。

询问阶段：敌手 A 可以如上面定义的那样，向挑战者 C 发起一定数量的询问。

伪造阶段：敌手 A 输出（c^*，ID_S，S_{ID_R}）作为消息的伪造，其中，ID_S 是签密发送者的身份，ID_R 是签密接收者的身份。如果敌手 A 没有在上面的步骤中询问 ID_S 的私钥 S_{ID_S}，UnSigncrypt(c^*，ID_S，S_{ID_R}) 的结果不为 ⊥，并且密文 c^* 不是敌手 A 进行签密询问的输出，那么，敌手 A 赢得游戏。我们将敌手 A 获胜的优势定义为：

$$\mathrm{Adv}_{\mathrm{A}}^{\mathrm{EU\text{-}IBSC\text{-}CMIA}}(k)=\Pr[\mathrm{A}\ succeeds]。\tag{8-2}$$

8.2.3 几个基于身份的签密方案

（1）Malone-Lee 方案

1）方案描述

① Setup：给定系统安全参数 k 和 n，两个阶为 q 的群 G 和 G_1，群 G 的生成元 P，一个双线性映射 $e: G\times G\rightarrow G_1$，这里，$n$ 表示待签密消息的长度。PKG 选取主密钥 $s\in_R\mathbb{Z}_q^*$，并计算公钥 $P_{\mathrm{pub}}=sP$，PKG 选取 3 个 Hash 函数 $H_1:\{0,1\}^*\rightarrow G^*$、$H_2:\{0,1\}^*\rightarrow\mathbb{Z}_q^*$ 和 $H_3:\mathbb{Z}_q^*\rightarrow\{0,1\}^n$，则系统公开参数为 $params=(G, G_1, e, P, P_{\mathrm{pub}}, H_1, H_2, H_3)$。

② Extract：给定一个用户身份 ID，PKG 计算其公钥为 $Q_{ID}=H_1(ID)$，私钥为 $S_{ID}=sQ_{ID}$，并将其安全地发送给用户。

③ Signcrypt：给定消息 m，签密发送者的身份 ID_S，签密接收者的身份

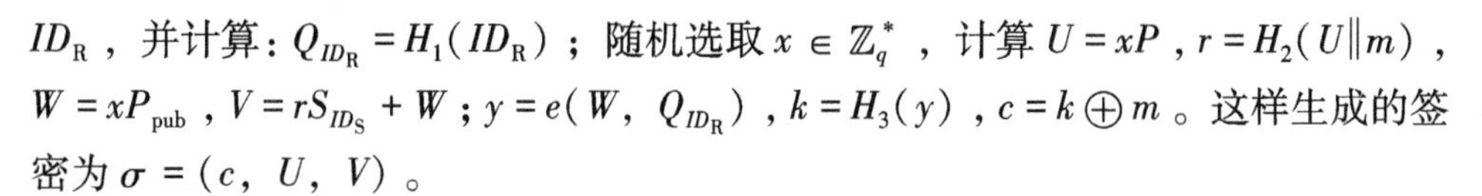
ID_{R} ，并计算：$Q_{ID_{\mathrm{R}}}=H_1(ID_{\mathrm{R}})$ ；随机选取 $x\in\mathbb{Z}_q^*$ ，计算 $U=xP$ ，$r=H_2(U\|m)$ ，$W=xP_{\mathrm{pub}}$ ，$V=rS_{ID_{\mathrm{S}}}+W$ ；$y=e(W,\ Q_{ID_{\mathrm{R}}})$ ，$k=H_3(y)$ ，$c=k\oplus m$ 。这样生成的签密为 $\sigma=(c,\ U,\ V)$ 。

④ Unsigncrypt：当收到签密 σ 后，签密接收者 ID_{R} 计算：$Q_{ID_{\mathrm{S}}}=H_1(ID_{\mathrm{S}})$ ；$y=e(U,\ S_{ID_{\mathrm{R}}})$ ，$k=H_3(y)$ ；$m=k\oplus c$ ；计算 $r=H_2(U\|m)$ ，如果 $e(P,\ V)=e(P_{\mathrm{pub}},\ Q_{ID_{\mathrm{S}}})^r e(P_{\mathrm{pub}},\ U)$ ，则 σ 是一个有效的签密。

2）方案安全性

该方案实现了公开验证功能，即任何第三方都可以验证签密的来源，从而实现了发送方的不可否认性，但是该方案不能够实现适应性选择密文攻击下的不可区分性。

3）方案效率

在该方案中，签密过程需要 1 次双线性映射运算、3 次群 G 中的乘法运算、1 次群 G 中的加法运算。解密过程需要 4 次双线性映射运算、1 次群 G_1 中的指数运算。

（2）Libert-Quisquater 方案

1）方案描述

① Setup：给定系统安全参数 k 和 n ，两个阶为 q 的群 G 和 G_1，群 G 的生成元 P ，一个双线性映射 e：$G\times G\rightarrow G_1$ ，这里，n 表示待签密消息的长度。PKG 选取主密钥 $s\in_R\mathbb{Z}_q^*$ ，并计算公钥 $P_{\mathrm{pub}}=sP$ 。PKG 选取安全的对称加解密函数 $(E,\ D)$ 和 3 个 Hash 函数 $H_1:\{0,\ 1\}^*\rightarrow G$ 、$H_2:G_1\rightarrow\{0,\ 1\}^n$ 和 $H_3:\{0,\ 1\}^*\times G_1\rightarrow\mathbb{Z}_q$ ，则系统公开参数为 $params=(G,\ G_1,\ e,\ P,\ P_{\mathrm{pub}},\ E,\ D,\ H_1,\ H_2,\ H_3)$ 。

② Extract：给定一个用户身份 ID ，PKG 计算其公钥为 $Q_{ID}=H_1(ID)$ ，私钥为 $d_{ID}=sQ_{ID}$ ，并将其安全地发送给用户。

③ Signcrypt：给定消息 m ，签密发送者的身份 ID_{S} ，签密接收者的身份 ID_{R} ，并计算：$Q_{ID_{\mathrm{R}}}=H_1(ID_{\mathrm{R}})$ ；随机选取 $x\in\mathbb{Z}_q^*$ ，计算 $k_1=e(P,\ P_{\mathrm{pub}})^x$ ，$k_2=H_2(e(P_{\mathrm{pub}},\ Q_{ID_{\mathrm{R}}})^x)$ ；$c=E_{k_2}(m)$ ，$r=H_3(c,\ k_1)$ ，$S=xP_{\mathrm{pub}}-rd_{ID_{\mathrm{S}}}$ 。这样生成的签密为 $\sigma=(c,\ r,\ S)$ 。

④ Unsigncrypt：当收到签密 σ 后，签密接收者 ID_{R} 计算：$Q_{ID_{\mathrm{S}}}=H_1(ID_{\mathrm{S}})$ ；$k_1=e(P,\ S)e(P_{\mathrm{pub}},\ Q_{ID_{\mathrm{S}}})^r$ ；$\tau=e(S,\ Q_{ID_{\mathrm{R}}})e(Q_{ID_{\mathrm{S}}},\ d_{ID_{\mathrm{R}}})^r$ ，$k_2=H_2(\tau)$ ；如果 $r=H_3(c,\ k_1)$ ，则 σ 是一个有效的签密，并可以得到 $m=D_{k_2}(c)$ 。

2）方案安全性

该方案在随机预言机模型下能够实现适应性选择密文攻击下的不可区分性和抵抗适应性选择消息攻击下的存在性伪造，方案的安全性分别基于 DBDH 困难问题和 CDH 困难问题。

3）方案效率

在该方案中，签密过程需要 2 次双线性映射运算、2 次群 G 中的乘法运算、1 次群 G 中的加法运算、2 次群 G_1 中的指数运算。解密过程需要 4 次双线性映射运算、2 次群 G_1 中的指数运算。

8.3 标准模型下可证安全的无证书签密方案

本节所提出的方案以参考文献［40］为基础，在标准模型下构造出一种有效的无证书签密方案，并通过困难问题假设对方案的安全性进行了证明，而方案在整个运算过程中仅需要 4 个双线性对计算，故具有较高的效率。

8.3.1 方案描述

令 G 和 G_T 是阶为素数 p 的循环群，e：$G \times G \rightarrow G_T$ 是一个双线性映射，无碰撞的 Hash 函数 H：$\{0, 1\}^* \rightarrow \{0, 1\}^{n_m}$ 将任意长度的消息 M 输出为长度 n_m 的位串。

(1) 系统参数产生

密钥生成中心 KGC 任意选取 G 的生成元 $g \in G$、$(h_1, h_2, h_3) \in G$ 及 n_m 维向量 $\hat{M} = (m_i)$，其中，$m_i \in \mathbb{Z}_p^*$。KGC 任意选取 $\alpha \in \mathbb{Z}_p$，计算 $g_1 = g^{\alpha}$，$z_0 = e(g, g)$，$z_1 = e(g, h_1)$，则系统公开参数为 $params = (G, G_T, e, g, g_1, h_1, h_2, h_3, H, \hat{M}, z_0, z_1)$，系统私钥 $msk = \alpha$ 保密。

(2) 部分私钥提取

给定用户身份 $ID \in \mathbb{Z}_p$，KGC 随机选取 $r_{ID} \in \mathbb{Z}_p$，计算 $d_1 = (h_1 g^{-r_{ID}})^{1/\alpha - ID}$，如果 $ID = \alpha$，那么，KGC 将无法计算。令 $d_2 = r_{ID}$，则用户的部分私钥为 $D_{ID} = (d_1, d_2)$，并通过安全信道将其发送给用户。

(3) 设置秘密值

对于身份为 ID 的用户，其任意选取 $x_{ID} \in \mathbb{Z}_p^*$ 作为其秘密值。

（4）用户公钥产生

计算 $PK_{ID} = g^{x_{ID}}$ 作为用户 ID 的公钥。

（5）用户私钥产生

对于身份为 ID 的用户而言，其私钥为 $SK_{ID} = (s_1, s_2, s_3) = (d_1, d_2, x_{ID})$。

（6）签密

设签密产生者的身份为 ID_S，签密接收者的身份为 ID_R，待签密消息为 $M \in G_T$，可通过如下步骤来产生无证书签密。

① 令 $W = H(M)$ 为消息 M 的长度为 n_m 的位串，$M \subseteq \{1, 2, \cdots, n_m\}$ 为其位串中 $W[k] = 1$ 的序号 k 的集合，计算 $T = \sum_{i \in M} m_i$。

② 签密产生者利用其私钥 SK_{ID_S}，随机选取 $s \in \mathbb{Z}_p$，计算：

$$C_1 = g_1^s g^{-sID_S}, \tag{8-3}$$

$$C_2 = g_1^s g^{-sID_R}, \tag{8-4}$$

$$C_3 = e(g, g)^s = z_0^s, \tag{8-5}$$

$$C_4 = Me(h_1, g^{x_{ID_R}})^{-s}, \tag{8-6}$$

$$C_5 = s_{ID_S,1}(h_3 h_2^{ID_S})^{sT}, \tag{8-7}$$

$$C_6 = s_{ID_S,2} = r_{ID_S}, \tag{8-8}$$

则生成的无证书签密为 $C = (C_1, C_2, C_3, C_4, C_5, C_6, T)$。

（7）解签密

设签密接收者 ID_R 的私钥为 SK_{ID_R}，其在收到无证书签密 $C = (C_1, C_2, C_3, C_4, C_5, C_6, T)$ 后，其进行如下计算。

① 验证等式 $e(g_1 g^{-ID_S}, C_5) = z_1 z_0^{-C_6} e(C_1, (h_3 h_2^{ID_S})^T)$ 是否成立。

② 若等式成立，可知是 $C = (C_1, C_2, C_3, C_4, C_5, C_6, T)$ 一个有效的无证书签密，然后，签密接收者 ID_R 利用其私钥 SK_{ID_R} 计算出消息 $M = C_4(e(C_2, s_{ID_R,1})C_3^{s_{ID_R,2}})^{s_{ID_R,3}}$。

8.3.2 方案的正确性

方案的正确性可以通过下面的等式进行验证：

$$\begin{aligned} e(g_1 g^{-ID_S}, C_5) &= e(g_1 g^{-ID_S}, (h_1 g^{-r_{ID_S}})^{1/\alpha - ID_S}(h_3 h_2^{ID_S})^{s(\sum_{i \in M} m_i)}) \\ &= e(g, h_1)e(g, g^{-r_{ID_S}})e(g_1^s g^{-sID_S}, (h_3 h_2^{ID_S})^{(\sum_{i \in M} m_i)}) \\ &= z_1 z_0^{-C_6} e(C_1, (h_3 h_2^{ID_S})^{(\sum_{i \in M} m_i)}). \end{aligned} \tag{8-9}$$

$$C_4(e(C_2, s_{ID_R,1})C_3^{s_{ID_R,2}})^{s_{ID_R,3}}$$
$$= Me(h_1, g^{x_{ID_R}})^{-s}(e(g_1^s g^{-sID_R}, (h_1 g^{-r_{ID_R}})^{1/\alpha - ID_R}) z_0^{sr_{ID_R}})^{x_{ID_R}}$$
$$= Me(h_1, g^{x_{ID_R}})^{-s}(e(g^s, h_1)e(g^s, g^{-r_{ID_R}})e(g, g)^{sr_{ID_R}})^{x_{ID_R}}$$
$$= Me(h_1, g^{x_{ID_R}})^{-s}e(g^s, h_1)^{x_{ID_R}} = M。 \tag{8-10}$$

因此，本方案是正确的。

8.3.3 方案的安全性分析

在无证书签密方案中存在着两类攻击者：A_I（恶意用户）和 A_{II}（恶意的KGC）。对于 A_I 类攻击者而言，它不知道系统私钥 msk，但可以替换任意用户的公钥；对于 A_{II} 类攻击者而言，它知道系统私钥 msk，但不能替换用户的公钥。下面模拟两类攻击者（A_I 和 A_{II}）与挑战者 C 之间进行交互的游戏，并通过分析指出本方案满足不可区分性和不可伪造性。

定理 8-1 在 Truncated Decisional q-ABDHE 困难问题假设下，本节方案在第一类攻击者 A_I 攻击下满足适应性选择密文攻击下的不可区分性。

证明 假设敌手 A_I 能以不可忽略的优势攻击本方案，那么就可以构造算法 B，算法 B 可利用敌手 A_I 解决 Truncated Decisional q-ABDHE 问题。

给定算法 B 一个 Truncated Decisional q-ABDHE 问题的实例（g'，$g'^{a^{q+2}}$，g，g^a，g^{a^2}，…，g^{a^q}，Z），其目标是判定 $Z = e(g, g')^{a^{q+1}}$ 是否成立。为此，算法 B 模仿敌手 A_I 的挑战者 C 与其交互如下。

初始化阶段：挑战者 C 通过如下计算来构造系统公开参数 $params$。首先，挑战者 C 选取 Hash 函数 $H: \{0, 1\}^* \to \{0. 1\}^{n_m}$ 及 n_m 维向量 $\hat{M} = (m_i)$；其次，挑战者 C 随机选取一阶为 q 的多项式 $f_q(x) \in \mathbb{Z}_p[x]$ 和 $u \in \mathbb{Z}_p^*$，令 $g_1 = g^a$，$h_1 = g^{f(a)}$，$h_2 = g^u$，$h_3 = g_1^u$，$z_0 = e(g, g)$，$z_1 = e(g, h_1)$，则系统公开参数 $params = (G, G_T, e, g, g_1, h_1, h_2, h_3, H, \hat{M}, z_0, z_1)$，系统主密钥 $msk = a$；最后，挑战者 C 将 $params$ 发送给敌手 A_I。

第一阶段：敌手 A_I 可以适应性地向挑战者 C 发起如下一定数量的询问（这里假定敌手 A_I 在对用户私钥询问和签密询问之前已进行 H 询问和用户公钥询问），挑战者 C 维护列表 L_1、L_2、L_3、L_4，它在初始状态下是空表。当敌手 A_I 发起询问时，挑战者 C 做如下响应。

①H 询问：当进行询问 $H(M)$ 时，$1 \leqslant i \leqslant q_H$，$q_H$ 为 H 询问的最大次数，挑战

者 C 在向量 $\hat{M}$ 中任意选取不多于 n_m 个元素，并计算其和 $T = \sum m_i$ ，然后将 (M, T) 添加到列表 L_1 中。

② 部分私钥询问：当询问身份为 ID_i 的部分私钥 D_{ID_i} 时，如果 $ID_i = a$ ，那么，挑战者 C 可以利用 a 解决 Truncated Decisional q-ABDHE 问题；否则，令 $q-1$ 阶多项式为 $f_{q-1}(x) = f_q(x) - f(ID_i)/x - ID_i$ ，挑战者 C 计算 $d_1 = g^{f_{q-1}(a)}$ ，$d_2 = f_q(a)$ ，然后把 (ID_i, D_{ID_i}) 添加到列表 L_2 中，其中，$D_{ID_i} = (d_1, d_2)$ ，并将 D_{ID_i} 作为用户 ID_i 的部分私钥返回。

③ 用户公钥询问：当询问身份为 ID_i 的公钥 PK_{ID_i} 时，如果列表 L_3 中存在 $(ID_i, PK_{ID_i}, x_{ID_i}, c)$ ，则返回 PK_{ID_i} ；否则，挑战者 C 随机选取 $x_{ID_i} \in \mathbb{Z}_p^*$ ，并计算 $PK_{ID_i} = g^{x_{ID_i}}$ ，然后把 $(ID_i, PK_{ID_i}, x_{ID_i}, 1)$ 添加到列表 L_3 中，并将 PK_{ID_i} 作为用户 ID_i 的公钥返回。

④ 用户私钥询问：当询问身份为 ID_i 的私钥 SK_{ID_i} 时，如果列表 L_4 中存在 (ID_i, SK_{ID_i}) ，则返回 SK_{ID_i} ；否则，挑战者 C 分别从列表 L_2、L_3 中查询相应的值 (ID_i, D_{ID_i}) 和 $(ID_i, PK_{ID_i}, x_{ID_i}, c)$ ，令 $SK_{ID_i} = (D_{ID_i}, x_{ID_i})$ ，然后把 (ID_i, SK_{ID_i}) 添加到列表 L_4 中，并将 SK_{ID_i} 作为用户 ID_i 的私钥返回。

⑤ 公钥替换询问：当敌手 A_I 需将身份 ID_i 的公钥替换为 PK'_{ID_i} 时，挑战者 C 先在列表 L_3 中查询 $(ID_i, PK_{ID_i}, x_{ID_i}, 1)$ ，若含有相应的值，则将公钥替换为 $PK_{ID_i} = PK'_{ID_i}$ 且 $c = 0$；否则，挑战者 C 先对 ID_i 进行用户公钥询问，然后令 $PK_{ID_i} = PK'_{ID_i}$ 且 $c = 0$，并将修改后的值添加到列表 L_3 中。

⑥ 签密询问：当敌手 A_I 发起 (M, ID_S, ID_R) 的签密询问时，若 $ID_S = a$ ，那么，挑战者 C 可以利用 a 解决 Truncated Decisional q-ABDHE 问题；否则，挑战者 C 能够构造 ID_S 的私钥，然后运行签密算法，并返回相应的无证书签密 $C = (C_1, C_2, C_3, C_4, C_5, C_6, T)$ 。

⑦ 解签密询问：当敌手 A_I 发起 C 的解签密询问时，若 $ID_R = a$ ，那么，挑战者 C 可以利用 a 解决 Truncated Decisional q-ABDHE 问题；否则，挑战者 C 从列表 L_4 中查找其私钥 SK_{ID_R} ，然后运行解签密算法计算出相应的消息 M ，并将其返回。

挑战阶段：敌手 A_I 选取两个长度相同的消息 M_0、M_1，签密产生者为 ID_S^* ，签密接收者为 ID_R^* ，如果 $ID_S^* = a$ ，那么挑战者 C 可以利用 a 解决 Truncated Decisional q-ABDHE 问题；否则，挑战者 C 随机选取 $b \in (0, 1)$ ，计算 ID_S^* 和

ID_R^* 的私钥 $SK_{ID_S^*}$ 和 $SK_{ID_R^*}$。设 $W^* = H(M_b)$ 为消息 M_b 的长度为 n_m 的位串，$M^* \subseteq \{1, 2, \cdots, n_m\}$ 为其位串中 $W^*[k] = 1$ 的序号 k 的集合，计算 $T^* = \sum_{i \in M^*} m_i$。令 $f_{q+2}(x) = x^{q+2}$，$f_{q+1}(x) = f_{q+2}(x) - f(ID_S^*)/x - ID_S^*$，多项式 $f_{q+1}(x)$ 中 x^i 的系数为 $F_{q+1,\ i}$，其中，$1 \leqslant i \leqslant q+1$。挑战者 C 进行如下构造：

$$C_1^* = g'^{f_{q+2}(x) - f_{q+2}(ID_S^*)}, \tag{8-11}$$

$$C_2^* = g'^{f_{q+2}(x) - f_{q+2}(ID_R^*)}, \tag{8-12}$$

$$C_3^* = Ze\left(g',\ \prod_{i=0}^{q} g^{F_{q+1,\ i}a^i}\right), \tag{8-13}$$

$$C_4^* = M_b/(e(C_2^*,\ s_{ID_R^*,\ 1})C_3^{*\ s_{ID_R^*,\ 2}})^{s_{ID_R^*,\ 3}}, \tag{8-14}$$

$$C_5^* = s_{ID_S^*,\ 1}(g_1^u g^{uID_S^*})^{sT^*}, \tag{8-15}$$

$$C_6^* = s_{ID_S^*,\ 2} = f_q(ID_S^*) = r_{ID_S^*}。 \tag{8-16}$$

令 $s = (\log_g^{g'})f_{q+1}(a)$，如果 $Z = e(g^{a^{q+1}},\ g')$，则有：

$$C_1^* = g_1^s g^{-sID_S^*}, \tag{8-17}$$

$$C_2^* = g_1^s g^{-sID_R^*}, \tag{8-18}$$

$$C_3^* = e(g,\ g)^s, \tag{8-19}$$

$$C_4^* = M_b e(h_1,\ g^{xID_R^*})^{-s}, \tag{8-20}$$

$$C_5^* = s_{ID_S^*,\ 1}(g_1^u g^{uID_S^*})^{sT^*}, \tag{8-21}$$

$$C_6^* = s_{ID_S^*,\ 2} = f_q(ID_S^*) = r_{ID_S^*}。 \tag{8-22}$$

可知 $C^* = (C_1^*,\ C_2^*,\ C_3^*,\ C_4^*,\ C_5^*,\ C_6^*,\ T^*)$ 是一个有效的无证书签密，并将其返回给敌手 A_I。

第二阶段：敌手 A_I 可以像第一阶段那样发起一定数量的询问，但是敌手 A_I 不能询问 ID_R^* 的私钥及不能对 C^* 进行解签密询问。

猜测阶段：敌手 A_I 输出对 b 的猜测 b'。如果 $b = b'$，那么，挑战者 C 输出 $Z = e(g^{a^{q+1}},\ g')$ 作为 Truncated Decisional q-ABDHE 问题的解；否则，挑战者 C 认为 Z 是 G_T 中的一个随机元素。

因此，如果存在一个敌手 A_I 能够以不可忽略的概率攻击本方案，那么就存在一个有效的算法，能够以不可忽略的概率解决 Truncated Decisional q-ABDHE 问题，而这与 Truncated Decisional q-ABDHE 问题是一个困难问题相矛盾，故方案在第一类攻击者 A_I 攻击下是安全的。

定理 8-2 在 DBDH 困难问题假设下，本节方案在第二类攻击者 A_{II} 攻击下满足适应性选择密文攻击下的不可区分性。

证明　假设敌手 A_{II} 能以不可忽略的优势攻击本方案，则能够构造算法 B，算法 B 可利用敌手 A_{II} 解决 DBDH 问题。

给定算法 B 一个 DBDH 问题的实例 (g^a, g^b, g^c, h)，其目标是判定 $h = e(g, g)^{abc}$ 是否成立。为此，算法 B 模仿敌手 A_{II} 的挑战者 C 与其交互如下。

初始化阶段：挑战者 C 通过如下计算来构造系统公开参数 $params$。首先，挑战者 C 选取 Hash 函数 $H: \{0, 1\}^* \to \{0. 1\}^{n_m}$ 及 n_m 维向量 $\hat{M} = (m_i)$；其次，挑战者 C 随机选取 $(\gamma, u, v) \in \mathbb{Z}_p^*$，令 $g_1 = g^{\gamma}$，$h_1 = g^a$，$h_2 = g^u$，$h_3 = g^v$，$z_0 = e(g, g)$，$z_1 = e(g, h_1)$，系统主密钥 $msk = \gamma$，系统公开参数 $params = (G, G_T, e, g, g_1, h_1, h_2, h_3, H, \hat{M}, z_0, z_1)$；最后，挑战者 C 将 $params$、msk 发送给敌手 A_{II}。

第一阶段：敌手 A_{II} 可以如同定理 8-1，发起一定数量的询问，由于敌手 A_{II} 知道系统主密钥，因而，这里不需要进行部分私钥询问，且不能进行用户公钥替换询问。

挑战阶段：敌手 A_{II} 选取两个长度相同的消息 M_0、M_1，签密产生者为 ID_S^*，签密接收者为 ID_R^*。挑战者 C 随机选取 $b \in (0, 1)$，并计算 ID_S^* 的私钥 $SK_{ID_S^*}$。设 $W^* = H(M_b)$ 为消息 M_b 的长度为 n_m 的位串，$M^* \subseteq \{1, 2, \cdots, n_m\}$ 为其位串中 $W^*[k] = 1$ 的序号 k 的集合，计算 $T^* = \sum_{i \in M^*} m_i$。挑战者 C 进行如下构造：

$$C_1^* = (g^c)^{\gamma - ID_S^*} = g_1^c g^{-cID_S^*}, \tag{8-23}$$

$$C_2^* = (g^c)^{\gamma - ID_R^*} = g_1^c g^{-cID_R^*}, \tag{8-24}$$

$$C_3^* = e(g, g^c) = e(g, g)^c = z_0^c, \tag{8-25}$$

$$C_4^* = M_b h^{-1}, \tag{8-26}$$

$$C_5 = s_{ID_S^*, 1}(g^c)^{(v+uID_S^*)T^*} = s_{ID_S^*, 1}(h_3 h_2^{ID_S^*})^{cT^*}, \tag{8-27}$$

$$C_6 = s_{ID_S^*, 2} = r_{ID_S^*}。 \tag{8-28}$$

令 ID_R^* 的公钥为 $PK_{ID_R^*} = g^b$，如果 $h = e(g, g)^{abc}$，则有 $C_4^* = M_b e(g, g)^{-abc} = M_b e(h_1, g^b)^{-c}$，可知 $C^* = (C_1^*, C_2^*, C_3^*, C_4^*, C_5^*, C_6^*, T^*)$ 是一个有效的无证书签密，并将其返回给敌手 A_{II}。

第二阶段：敌手 A_{II} 可以如同定理 8-1，发起一定数量的询问。

猜测阶段：敌手 A_{II} 输出对 b 的猜测 b'。如果 $b = b'$，那么，挑战者 C 输出 $h = e(g, g)^{abc}$ 作为 DBDH 问题的解；否则，挑战者 C 认为 h 是 G_T 中的一个随机元素。

因此，如果存在一个敌手 A_{II} 能够以不可忽略的概率攻击本方案，那么就存在一个有效的算法，能够以不可忽略的概率解决 DBDH 问题，而这与 DBDH 问题是一个困难问题相矛盾，故方案在第二类攻击者 A_{II} 攻击下是安全的。

定理 8-3 在 q-SDH 困难问题假设下，本节方案在第一类攻击者 A_I 攻击下满足适应性选择消息攻击下的存在不可伪造性。

证明 假设敌手 A_I 能以不可忽略的优势攻击本方案，则能够构造算法 B，算法 B 可以利用敌手 A_I 解决 q-SDH 问题。

给定算法 B 一个 q-SDH 问题的实例 $(g, g^a, g^{a^2}, \cdots, g^{a^q})$，其目标是计算 $(c, g^{1/a+c})$，其中，$c \in \mathbb{Z}_p^*$。为此，算法 B 模仿敌手 A_I 的挑战者 C 与其交互如下。

初始化阶段：挑战者 C 可以如同定理 8-1，构造系统公开参数 $params$，与定理 8-1 的区别在于 $h_2 = g^{-u}$，其他参数的构造与定理 8-1 相同，然后，挑战者 C 将其发送给敌手 A_I。

询问阶段：当敌手 A_I 发起询问时，挑战者 C 进行如下响应。

① H_1 询问：如同定理 8-1 第一阶段，挑战者 C 进行响应。

② 部分私钥询问：当询问身份为 ID_i 的部分私钥 D_{ID_i} 时，如果 $ID_i = a$，那么，挑战者 C 可以利用 a 解决 q-SDH 问题；否则，挑战者 C 如同定理 8-1 那样进行响应。

③ 用户公钥询问：如同定理 8-1 第一阶段，挑战者 C 进行响应。

④ 用户私钥询问：如同定理 8-1 第一阶段，挑战者 C 进行响应。

⑤ 公钥替换询问：如同定理 8-1 第一阶段，挑战者 C 进行响应。

⑥ 签密询问：当敌手 A_I 发起 (M, ID_S, ID_R) 的签密询问时，若 $ID_S = a$，那么，挑战者 C 可以利用 a 解决 q-SDH 问题；否则，如同定理 8-1 第一阶段，挑战者 C 进行响应。

⑦ 解签密询问：当敌手 A_I 发起 C 的解签密询问时，若 $ID_R = a$，那么，挑战者 C 可以利用 a 解决 q-SDH 问题；否则，如同定理 8-1 第一阶段，挑战者 C 进行响应。

伪造阶段：敌手 A_I 输出在消息 M^*、签密产生者 ID_S^*、签密接收者 ID_R^* 下的伪造无证书签密 $C^* = (C_1^*, C_2^*, C_3^*, C_4^*, C_5^*, C_6^*, T^*)$，这里要求敌手 A_I 没有询问过 ID_S^* 的私钥，且没有对 (M^*, ID_S^*, ID_R^*) 进行过签密询问。令 $q-1$

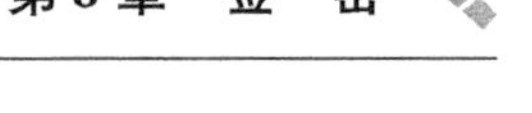

阶多项式为$f_{q-1}(x)=f_q(x)-C_6^*/x-ID_S^*$，故有$f_{q-1}(a)=\sum_{k=0}^{q-1}A_k a^k+A_{-1}/(a-ID_S^*)$，如果$A_{-1}=0$，那么，挑战者C将失败退出；否则，可以得到：

$$C_1^*=g^{s(a-ID_S^*)}, \tag{8-29}$$

$$C_5^*=(h_1 g^{-C_6^*})^{1/a-ID_S^*}(h_3 h_2^{ID_S^*})^{sT^*}=g^{f(a)-C_6^*/a-ID_S^*}g^{u(a-ID_S^*)sT^*}, \tag{8-30}$$

故可得q-SDH问题的解$g^{1/a-ID_S^*}=\left(\frac{C_5^*}{{C_1^*}^{uT^*}g^{\sum_{k=0}^{q-1}A_k a^k}}\right)^{1/A_{-1}}$。

因此，如果存在一个攻击者A_I能够以不可忽略的概率伪造一个有效的无证书签密，那么就存在一个有效的算法，能以不可忽略的概率解决q-SDH问题，而这与q-SDH问题是一个困难问题相矛盾，故方案是不可伪造的。

定理8-4 在CDH困难问题假设下，本节方案在第二类攻击者A_{II}攻击下满足适应性选择消息攻击下的存在不可伪造性。

证明：对于第二类攻击者A_{II}，由于其知道系统的主密钥，因而很容易证明，如果存在这样的攻击者能够以不可忽略的优势攻击本方案，那么就可以构造算法B，算法B可以利用敌手A_{II}解决CDH问题。这里省略该证明过程。

8.3.4 性能分析

下面将从方案效率和方案安全性两个方面入手，将本节方案与现有的几个标准模型下的无证书签密方案通过表8-1进行比较。

表8-1 几种标准模型下无证书签密方案的比较

方案	公钥长度	私钥长度	密文长度	对运算量	方案是否安全
参考文献［35］方案	1	2	5	5	否
参考文献［37］方案	2	3	5	4	否
参考文献［38］方案	2	3	5	2	否
本方案	1	3	7	4	是

这里的公钥长度、私钥长度、密文长度分别为相应群G或G_T中元素的个数，由于双线性对运算所花费的计算成本远高于诸如群中元素的点乘和指数运算，故这里仅考虑双线性对的计算量。在本方案中，可以通过预计算$z_0=e(g,g)$和$z_1=e(g,h_1)$，并将其在系统公开参数中公布，从而提高计算效率。通过方案的对比可知，现有的几个标准模型下的无证书签密方案是不安全的，同时从计算

量方面考虑，本方案也具有较高的效率。

8.4 一种有效的无证书签密方案

本节以无证书短签名方案[41] 和无证书加密方案[42] 为基础，提出了一种有效的无证书签密方案，然后在随机预言机模型下基于困难问题假设证明了方案的安全性。方案在整个实现过程中，仅在解签密阶段需要两个双线性对运算，相比于前面提出的无证书签密方案，其具有更高的效率。

8.4.1 方案描述

(1) 系统参数产生

令 G 和 G_T 是阶为素数 p 的循环群，P 是群 G 的生成元，$e: G\times G\rightarrow G_T$ 是一个双线性映射。KGC 随机选取 $s\in\mathbb{Z}_p^*$，计算 $P_{\text{pub}}=sP$，$g=e(P, P)$；KGC 选取 4 个 Hash 函数 $H_1:\{0, 1\}^*\rightarrow\mathbb{Z}_p^*$，$H_2: G\rightarrow\mathbb{Z}_p^*$，$H_3: G_T\rightarrow\{0, 1\}^*$，$H_4:\{0, 1\}^*\times G_T\rightarrow\mathbb{Z}_p^*$，则系统公开参数 $params=(G, G_T, e, P, P_{\text{pub}}, g, H_1, H_2, H_3, H_4)$，系统私钥 $msk=s$ 且保密。

(2) 部分私钥提取

给定用户身份 ID，KGC 先计算 $q_{ID}=H_1(ID)$，然后计算用户的部分私钥 $D_{ID}=(s+q_{ID})^{-1}P$，并通过安全信道将其发送给用户，用户在收到其部分私钥后，可以利用等式 $e(P_{\text{pub}}+H_1(ID)P, D_{ID})=e(P, P)=g$ 进行验证，如等式成立，则 D_{ID} 是一个有效的用户部分私钥。

(3) 设置秘密值

对于用户 ID，其任意选取 $x_{ID}\in\mathbb{Z}_p^*$ 作为其秘密值。

(4) 用户公钥产生

对于用户 ID，其先计算 $Q_{ID}=P_{\text{pub}}+H_1(ID)P$，然后计算 $R_{ID}=x_{ID}Q_{ID}$，并将其作为用户的公钥。

(5) 用户私钥产生

对于用户 ID，其先计算 $y_{ID}=H_2(R_{ID})$，然后利用其部分私钥计算 $S_{ID}=(x_{ID}+y_{ID})^{-1}D_{ID}$，则用户的私钥为 S_{ID}。

（6）签密

设待签密消息为 $m \in (0, 1)^n$，签密发送者的身份为 ID_S，签密接收者的身份为 ID_R，则通过执行下面的步骤来产生无证书的签密。

① 签密发送者随机选取 $r \in \mathbb{Z}_p^*$，计算 $U = g^r$，$c = m \oplus H_3(U)$。

② 令 $h = H_4(m, U)$，签密发送者利用其私钥 S_{ID_S}，计算 $S = (r + h)S_{ID_S}$。

③ 签密发送者首先计算 $Q_{ID_R} = P_{pub} + H_1(ID_R)P$，然后利用签密接收者 ID_R 的公钥 R_{ID_R} 计算 $y_{ID_R} = H_2(R_{ID_R})$，最后计算 $T = r(R_{ID_R} + y_{ID_R}Q_{ID_R})$，则生成的无证书签密为 $\sigma = (c, S, T)$。

（7）解签密

设签密接收者 ID_R 的私钥为 S_{ID_R}，当收到无证书签密 $\sigma = (c, S, T)$ 后，其进行如下计算。

① 计算 $U = e(T, S_{ID_R})$，$m = c \oplus H_3(U)$，$h = H_4(m, U)$。

② 计算 $Q_{ID_S} = P_{pub} + H_1(ID_S)P$，然后利用签密发送者 ID_S 的公钥 R_{ID_S} 计算 $y_{ID_S} = H_2(R_{ID_S})$。

③ 当且仅当等式 $U = e(S, R_{ID_S} + y_{ID_S}Q_{ID_S})g^{-h}$ 成立时，σ 是一个有效的无证书签密，这时接受消息 m。

8.4.2 方案的正确性

方案的正确性可以通过下面的等式进行验证：

$$\begin{aligned} e(T, S_{ID_R}) &= e(r(R_{ID_R} + y_{ID_R}Q_{ID_R}), S_{ID_R}) \\ &= e(r(x_{ID_R} + y_{ID_R})Q_{ID_R}, (x_{ID_R} + y_{ID_R})^{-1}D_{ID_R}) \\ &= e(r(s + q_{ID_R})P, (s + q_{ID_R})^{-1}P) = e(P, P)^r = U, \end{aligned} \tag{8-31}$$

$$\begin{aligned} & e(S, R_{ID_S} + y_{ID_S}Q_{ID_S})g^{-h} \\ &= e((r + h)S_{ID_S}, (x_{ID_S} + y_{ID_S})Q_{ID_S})g^{-h} \\ &= e((r + h)(x_{ID_S} + y_{ID_S})^{-1}D_{ID_S}, (x_{ID_S} + y_{ID_S})Q_{ID_S})g^{-h} \\ &= e(P, P)^{r+h}g^{-h} = U. \end{aligned} \tag{8-32}$$

因此，本方案是正确的。

8.4.3 方案的安全性分析

下面模拟两类攻击者（A_{I}，A_{II}）与挑战者 C 之间进行交互的游戏，并通过分析指出本方案满足不可区分性和不可伪造性。

定理 8-5 在 q-BDHI 困难问题假设下，本节方案在第一类攻击者 A_I 攻击下满足适应性选择密文攻击下的不可区分性。

证明 假设敌手 A_I 能以不可忽略的优势攻击本方案，则能够构造算法 B，算法 B 可利用敌手 A_I 解决 q-BDHI 问题。

给定算法 B 一个 q-BDHI 问题的实例 $(Q, aQ, \cdots, a^qQ)$，其目标是计算 $e(Q, Q)^{1/a}$，其中，$a \in \mathbb{Z}_p^*$。为此，算法 B 模仿敌手 A_I 的挑战者 C 与其交互如下。

初始化阶段：首先，挑战者 C 通过随机选取 $(w_0, w_1, \cdots, w_{q-1}) \in \mathbb{Z}_p^*$，进行如下计算。

① 利用 $w_i(i \in 1, \cdots, q-1)$ 构造多项式 $f(x) = \prod_{i=1}^{q-1}(x + w_i) = \sum_{i=0}^{q-1}c_ix^i$，从而得到多项式的系数 $c_0, c_1, \cdots, c_{q-1}$。

② 计算 G 的生成元为 $P = f(a)Q = \sum_{i=0}^{q-1}c_i(a^iQ)$，并设 $P_{\text{pub}} = -\sum_{i=1}^{q}c_{i-1}(a^iQ) - w_0\sum_{i=0}^{q-1}c_i(a^iQ)$，那么有 $P_{\text{pub}} = -(a + w_0)P$，即 $msk = s = -(a + w_0)$。

③计算 $f_i(x) = f(x)/(x + w_i) = \sum_{i=0}^{q-2}d_ix^i$，$1 \leqslant i \leqslant q-1$，则有 $\sum_{i=0}^{q-2}d_i(a^iQ) = f_i(a)Q = \frac{1}{a + w_i}P$，从而可得 $q-1$ 个元素对 $(w_i, \frac{1}{a + w_i}P)$，令 $I_i = w_0 - w_i$，则可得到 $q-1$ 个元素对 $(I_i, \frac{1}{s + I_i}P)$。

然后，挑战者 C 将系统公开参数 $params$ 发送给敌手 A_I，其中，$g = e(P, P)$，$P_{\text{pub}} = (a + w_0)P$，系统私钥 $msk = s$ 对挑战者 C 未知。最后，挑战者 C 随机选取 $ID^* \in (0, 1)^*$，并将其发送给敌手 A_I。

第一阶段：敌手 A_I 可以适应性地向挑战者 C 发起如下一定数量的询问，这里假定敌手 A_I 在对部分私钥询问、用户公钥询问、用户私钥询问和签密询问之前已进行 H_1 询问，在对用户私钥询问和签密询问之前已进行用户公钥询问。挑战者 C 维护 5 个列表 L_1、L_2、L_3、L_4 和 $L_K = (ID, R_{ID}, x_{ID}, c \in (0, 1))$，它们在初始状态下都是空表。当敌手 A_I 发起询问时，挑战者 C 做如下响应。

① H_1 询问：询问 $H_1(ID_i)$ 时，如果 $ID_i = ID^*$，则挑战者 C 返回 $q_{ID_i} = w_0$；否则，挑战者 C 返回 $q_{ID_i} = I_i$，$1 \leqslant i \leqslant q-1$。然后，挑战者 C 计算 $Q_{ID_i} = P_{\text{pub}} + q_{ID_i}P$，并将 $(ID_i, Q_{ID_i}, q_{ID_i})$ 添加到列表 L_1 中。

②H_2 询问：询问 $H_2(R_{ID_i})$ 时，如果列表 L_2 中存在（R_{ID_i}，y_{ID_i}），则返回 y_{ID_i}；否则，挑战者C随机选取 $y_{ID_i} \in \mathbb{Z}_p^*$ 返回，并把（R_{ID_i}，y_{ID_i}）添加到列表 L_2 中。

③H_3 询问：询问 $H_3(U)$ 时，如果列表 L_3 中存在（U，h_3），则返回 h_3；否则，挑战者C随机选取 $h_3 \in (0, 1)^n$ 返回，并把（U，h_3）添加到列表 L_3 中。

④H_4 询问：在询问 $H_4(m, U)$ 时，如果列表 L_4 中存在（m，U，h_4，c，γ），则返回 h_4；否则，挑战者C随机选取 $h_4 \in \mathbb{Z}_p^*$ 返回，然后从列表 L_3 中选取 $h_3 = H_3(U)$，计算 $c = m \oplus h_3$，$\gamma = Ug^{h_4}$，并把（m，U，h_4，c，γ）添加到列表 L_4 中。

⑤部分私钥询问：当询问身份为 ID_i 的部分私钥 D_{ID_i} 时，如果 $ID_i = ID^*$，那么，挑战者C失败并退出；否则，挑战者C返回 $D_{ID_i} = (s + I_i)^{-1}P$。

⑥用户公钥询问：当询问身份为 ID_i 的公钥 R_{ID_i} 时，如果列表 L_K 中存在（ID_i，R_{ID_i}，x_{ID_i}，c），则返回 R_{ID_i}；否则，挑战者C首先在列表 L_1 中查询 ID_i 所对应的 Q_{ID_i}，然后随机选取 $x_{ID_i} \in \mathbb{Z}_p^*$，并计算 $R_{ID_i} = x_{ID_i}Q_{ID_i}$，最后把（$ID_i$，$R_{ID_i}$，$x_{ID_i}$，1）添加到列表 L_K 中。

⑦用户私钥询问：当询问身份为 ID_i 的私钥时，如果 $ID_i = ID^*$，那么，挑战者C失败并退出。如果 $ID_i \neq ID^*$，挑战者C先在列表 L_K 中查询（ID_i，R_{ID_i}，x_{ID_i}，c），若 $c = 1$ 且列表 L_2 中含有（R_{ID_i}，y_{ID_i}），则挑战者C返回 $S_{ID_i} = (x_{ID_i} + y_{ID_i})^{-1}(s + I_i)^{-1}P$；若 $c = 1$ 且列表 L_3 中不含有（R_{ID_i}，y_{ID_i}），则挑战者C随机选取 $y_{ID_i} \in \mathbb{Z}_p^*$，并返回 $S_{ID_i} = (x_{ID_i} + y_{ID_i})^{-1}(s + t_i)^{-1}P$；若 $c = 0$，则挑战者C先从敌手 A_{I} 处得到 x'_{ID_i}，然后按照上面相同的方法计算并返回 S_{ID_i}。

⑧替换公钥询问：当将身份为 ID_i 的公钥替换为 R'_{ID_i} 时，挑战者C先在列表 L_K 中查询（ID_i，R_{ID_i}，x_{ID_i}，c），若含有则将其公钥替换为 $R_{ID_i} = R'_{ID_i}$ 且 $c = 0$；否则，挑战者C先对 ID_i 进行用户公钥询问，然后令 $R_{ID_i} = R'_{ID_i}$ 且 $c = 0$，并在列表 L_K 中做出相应的修改。

⑨签密询问：当询问（m，ID_{S}，ID_{R}）的签密时，若 $ID_{\mathrm{S}} \neq ID^*$，则挑战者C能够构造 ID_{S} 的私钥，然后执行签密算法，并返回相应的签密 σ；若 $ID_{\mathrm{S}} = ID^*$，可知 $ID_{\mathrm{R}} \neq ID^*$，这时，挑战者C能够构造 ID_{R} 的私钥 $S_{ID_{\mathrm{R}}}$，为使等式 $e(S, R_{ID_{\mathrm{S}}} + y_{ID_{\mathrm{S}}}Q_{ID_{\mathrm{S}}}) = e(T, S_{ID_{\mathrm{R}}})g^h$ 成立，此时其进行如下计算。

a. 挑战者C随机选取 r_1，$r_2 \in \mathbb{Z}_p^*$ 及 $h_3 \in (0, 1)^n$。

b. 令 $S = r_1S_{ID_{\mathrm{R}}}$，$h = r_2$，$T = r_1(R_{ID_{\mathrm{S}}} + y_{ID_{\mathrm{S}}}Q_{ID_{\mathrm{S}}}) - r_2(R_{ID_{\mathrm{R}}} + y_{ID_{\mathrm{R}}}Q_{ID_{\mathrm{R}}})$ 及 $c = m \oplus$

h_3，其中，$(R_{ID_S}, y_{ID_S}, Q_{ID_S}, R_{ID_R}, y_{ID_R}, Q_{ID_R})$ 可由前面的询问得到。

c. 挑战者 C 计算 $U = e(T, S_{ID_R})$，$h_3 = H_3(U)$，$c = m \oplus h_3$，$h_4 = r_2$，$\gamma = U \cdot g^{h_4}$，并把 (U, h_3) 添加到列表 L_3 中，同时把 (m, U, h_4, c, γ) 添加到列表 L_4 中。

如果 h_3 和 h_4 已存在相应的列表 L_3 和 L_4 中，那么，挑战者 C 失败退出；否则，挑战者 C 返回相应的无证书签密 $\sigma = (c, S, T)$。

⑩ 解签密询问：当询问 (ID_S, ID_R, σ) 的解签密时，若 $ID_R \neq ID^*$，则挑战者 C 能够构造 ID_R 的私钥，然后执行解签密算法，并返回相应的明文 m；若 $ID_R = ID^*$，可知 $ID_S \neq ID^*$，这时，挑战者 C 能够构造 ID_S 的私钥。如果 σ 是一个有效的无证书签密，则有等式 $e(T, S_{ID_S}) = e(S - hS_{ID_S}, R_{ID_R} + y_{ID_R}Q_{ID_R})$ 成立，h 来自列表 (m, U, h_4, c, γ) 中，其中，$h = h_4$。最后，挑战者 C 验证等式 $e(S, R_{ID_S} + y_{ID_S}Q_{ID_S}) = Ug^h = \gamma$ 是否成立，若等式成立，则返回相应的消息签名对 (m, S)。

挑战阶段：敌手 A_I 取两个相同长度的消息 m_0 和 m_1，签密发送者 ID_S，签密接收者 ID_R，如果 $ID_R \neq ID^*$，那么，挑战者 C 失败并退出；否则，挑战者 C 随机选取 $\xi \in \mathbb{Z}_p^*$，$c \in (0, 1)^n$，$S \in G$，$T = -\xi P$，并返回挑战密文 $\sigma^* = (c, S, T)$。

第二阶段：敌手 A_I 可如同第一阶段那样，发出一定数量的询问，但是其不能询问 ID_R 的私钥及对 σ^* 进行解签密询问。

猜测阶段：最后，敌手 A_I 输出对消息 m_b，$b \in (0, 1)$ 的猜测。如果猜测正确，则挑战者 C 从列表 L_3 和 L_4 中查询 (U, h_3) 和 (m, U, h_4, c, γ)，它们当中应包含正确的元素 $U = e(T, S_{ID_R}) = e(-\xi P, \frac{1}{s + w_0}P) = e(P, P)^{\xi/a}$，若令 $\tau = e(Q, Q)^{1/a}$，由 $P = f(a)Q = \sum_{i=0}^{q-1} c_i(a^iQ)$，则可以得到：

$$e(P, P)^{1/a} = \tau^{c_0^2} e(\sum_{i=0}^{q-2} c_{i+1}(a^iQ), c_0Q) e(P, \sum_{i=0}^{q-2} c_{i+1}(a^iQ)), \quad (8-33)$$

从而可计算出 $e(Q, Q)^{1/a}$。

因此，如果存在一个敌手 A_I 能以不可忽略的概率攻击本方案，那么就存在一个有效的算法，能以不可忽略的概率解决 q-BDHI 问题，而这与 q-BDHI 问题是一个困难问题相矛盾，故方案在第一类攻击者 A_I 攻击下是安全的。

定理 8-6 在 CDH 困难问题假设下，本节方案在第二类攻击者 A_{II} 攻击下满足适应性选择密文攻击下的不可区分性。

证明 假设敌手 A_{II} 能以不可忽略的优势攻击本方案，则能够构造算法 B，算法 B 可利用敌手 A_{II} 解决 CDH 问题。

给定算法 B 一个 CDH 问题的实例 (P, aP, bP)，其目标是计算 abP。为此，算法 B 模仿敌手 A_{II} 的挑战者 C 与其交互如下。

初始化阶段：挑战者 C 构造系统公开参数 $params$，其中，$g = e(P, P)$，$P_{pub} = sP$，系统私钥 $msk = s$ 由挑战者 C 选定。然后，挑战者 C 随机选取 $ID^* \in (0, 1)^*$，并将 $params$、msk 和 ID^* 发送给敌手 A_{II}。

第一阶段：敌手 A_{II} 可以适应性地向挑战者 C 发起如下一定数量的询问，这里假定敌手 A_{II} 在对用户公钥询问、用户私钥询问和签密询问之前已进行 H_1 询问，在对用户私钥询问和签密询问之前已进行用户公钥询问。挑战者 C 维护 5 个列表 L_1、L_2、L_3、L_4 和 $L_K = (ID, R_{ID}, x_{ID}, c = x_{ID} + y_{ID})$，它们在初始状态下都是空表。当敌手 A_{II} 发起询问时，挑战者 C 做如下响应。

① H_1 询问：询问 $H_1(ID_i)$ 时，挑战者 C 随机选取 $q_{ID_i} \in \mathbb{Z}_p^*$ 并返回，然后，挑战者 C 计算 $Q_{ID_i} = P_{pub} + q_{ID_i}P$，并将 $(ID_i, Q_{ID_i}, q_{ID_i})$ 添加到列表 L_1 中。

② H_2 询问：询问 $H_2(R_{ID_i})$ 时，挑战者 C 如同定理 8-5 那样进行响应。

③ H_3 询问：询问 $H_3(U)$ 时，挑战者 C 如同定理 8-5 那样进行响应。

④ H_4 询问：在询问 $H_4(m, U)$ 时，挑战者 C 如同定理 8-5 那样进行响应。

⑤ 用户公钥询问：当询问身份为 ID_i 的公钥 R_{ID_i} 时，如果 $ID_i = ID^*$，则挑战者 C 返回 $R_{ID_i} = saP + q_{ID_i}aP$，并把 $(ID_i, R_{ID_i}, \perp, \perp)$ 添加到列表 L_K 中；如果 $ID_i \neq ID^*$，则挑战者 C 首先在列表 L_1 中查询 $(ID_i, Q_{ID_i}, q_{ID_i})$，然后随机选取 $x_{ID_i} \in \mathbb{Z}_p^*$ 计算 $R_{ID_i} = x_{ID_i}Q_{ID_i}$，$y_{ID_i} = H_2(R_{ID_i})$，$c = x_{ID_i} + y_{ID_i}$，并返回 R_{ID_i}，最后把 $(ID_i, R_{ID_i}, x_{ID_i}, c)$ 添加到列表 L_K 中。

⑥ 用户私钥询问：当询问身份为 ID_i 的私钥时，如果 $ID_i = ID^*$，那么挑战者 C 失败并退出。如果 $ID_i \neq ID^*$，则挑战者 C 先在列表 $L_1 = (ID_i, Q_{ID_i}, q_{ID_i})$ 和 $L_K = (ID_i, R_{ID_i}, x_{ID_i}, c)$ 中进行查询，若列表 L_2 中含有 (R_{ID_i}, y_{ID_i})，那么，挑战者 C 返回 $S_{ID_i} = (x_{ID_i} + y_{ID_i})^{-1}(s + q_{ID_i})^{-1}P$；否则，挑战者 C 先进行 $H_2(R_{ID_i})$ 询问，然后返回 $S_{ID_i} = (x_{ID_i} + y_{ID_i})^{-1}(s + q_{ID_i})^{-1}P$。

⑦ 签密询问：挑战者 C 如同定理 8-1 那样进行响应。

⑧ 解签密询问：挑战者 C 如同定理 8-1 那样进行响应。

挑战阶段：敌手 A_{II} 取两个相同长度的消息 m_0 和 m_1，签密发送者 ID_S，签密

接收者 ID_{R} ，如果 $ID_{\mathrm{R}} \neq ID^{*}$ ，那么，挑战者C失败并退出；否则，挑战者C随机选取 $\mu \in \mathbb{Z}_p^{*}$ ，$c \in (0, 1)^{n}$ ，$S \in G$ ，$T = \mu(s + H_1(ID_{\mathrm{R}}))bP$ ，并返回挑战密文 $\sigma^{*} = (c, S, T)$ 。

第二阶段：敌手 A_{II} 可如同第一阶段那样，发出一定数量的询问，但是，其不能询问 ID_{R} 的私钥及对 σ^{*} 进行解签密询问。

猜测阶段：最后，敌手 A_{II} 输出对消息 m_b ，$b \in (0, 1)$ 的猜测。由本方案可知，有如下等式成立：

$$e(T, R_{ID_{\mathrm{R}}}) = e((x_{ID_{\mathrm{R}}} + y_{ID_{\mathrm{R}}})Q_{ID_{\mathrm{R}}}, rx_{ID_{\mathrm{R}}}Q_{ID_{\mathrm{R}}}) 。 \tag{8-34}$$

因此，如果敌手 A_{II} 猜测正确，则挑战者C从列表 L_2 和 L_K 中查询（R_{ID_i}，y_{ID_i}）和（ID_i，R_{ID_i}，x_{ID_i}，$c_i = x_{ID_i} + y_{ID_i}$），它们当中应包含正确的元素 $y_{ID_{\mathrm{R}}}$ ，$c_{\mathrm{R}} = \mu$ ，满足 $e(T, R_{ID_{\mathrm{R}}}) = e(c_{\mathrm{R}}Q_{ID_{\mathrm{R}}}, T - ry_{ID_{\mathrm{R}}}Q_{ID_{\mathrm{R}}})$ ，又由 $R_{ID_{\mathrm{R}}} = saP + q_{ID_{\mathrm{R}}}aP$ ，$T = \mu(s + H_1(ID_{\mathrm{R}}))bP$ ，$ry_{ID_{\mathrm{R}}}Q_{ID_{\mathrm{R}}} = y_{ID_{\mathrm{R}}}(s + H_1(ID_{\mathrm{R}}))bP$ ，可知：

$$rx_{ID_{\mathrm{R}}}Q_{ID_{\mathrm{R}}} = T - ry_{ID_{\mathrm{R}}}Q_{ID_{\mathrm{R}}} = (s + H_1(ID_{\mathrm{R}}))abP = T - y_{ID_{\mathrm{R}}}(s + H_1(ID_{\mathrm{R}}))bP \tag{8-35}$$

从而可计算出 $abP = \dfrac{T - y_{ID_{\mathrm{R}}}(s + H_1(ID_{\mathrm{R}}))bP}{s + H_1(ID_{\mathrm{R}})}$ 。

因此，如果存在一个敌手 A_{II} 能以不可忽略的概率攻击本方案，那么就存在一个有效的算法，能以不可忽略的概率解决CDH问题，而这与CDH问题是一个困难问题相矛盾，故方案在第二类攻击者 A_{II} 攻击下是安全的。

定理8-7 在k-CAA困难问题假设下，本节方案在第一类攻击者 A_{I} 攻击下满足适应性选择消息攻击下的存在不可伪造性。

证明 假设敌手 A_{I} 能以不可忽略的优势攻击本方案，则能够构造算法B，算法B可以利用敌手 A_{I} 解决k-CAA问题。

给定算法B一个k-CAA问题的实例（t_1，t_2，…，t_k，P，$Q = sP$，$(t_1 + s)^{-1}P$，…，$(t_k + s)^{-1}P$），其目标是计算 $(t_0 + s)^{-1}P$ ，其中，$t_0 \in \mathbb{Z}_p^{*} \setminus (t_1, t_2, \cdots, t_k)$ 。为此，算法B模仿敌手 A_{I} 的挑战者C与其交互如下。

初始化阶段：挑战者C构造系统公开参数 $params$ ，其中，$g = e(P, P)$ ，$P_{\mathrm{pub}} = Q = sP$ ，系统私钥 $msk = s$ 对挑战者C未知。最后，挑战者C随机选取 $ID^{*} \in (0, 1)^{*}$ ，并将 $params$ 和 ID^{*} 发送给敌手 A_{I} 。

询问阶段：假定敌手 A_{I} 在对部分私钥询问、用户公钥询问、用户私钥询问和签密询问之前已进行 H_1 询问，在对用户私钥询问和签密询问之前已进行用户

公钥询问。挑战者 C 维护 5 个列表 L_1、L_2、L_3、L_4 和 $L_K=(ID,\ R_{ID},\ x_{ID},\ c\in(0,1))$，它们在初始状态下都是空表。当敌手 A_{I} 发起询问时，挑战者 C 做如下响应。

① H_1 询问：询问 $H_1(ID_i)$ 时，如果 $ID_i=ID^*$，则挑战者 C 返回 $q_{ID_i}=t_0$；否则，挑战者 C 返回 $q_{ID_i}=t_i$，$t_i\in(t_1,\ t_2,\ \cdots,\ t_k)$。然后，挑战者 C 计算 $Q_{ID_i}=P_{\text{pub}}+q_{ID_i}P$，并将 $(ID_i,\ Q_{ID_i},\ q_{ID_i})$ 添加到列表 L_1 中。

② H_2 询问：询问 $H_2(R_{ID_i})$ 时，挑战者 C 如同定理 8-5 那样进行响应。

③ H_3 询问：询问 $H_3(U)$ 时，挑战者 C 如同定理 8-5 那样进行响应。

④ H_4 询问：询问 $H_4(m,\ U)$ 时，挑战者 C 如同定理 8-5 那样进行响应。

⑤ 部分私钥询问：当询问身份为 ID_i 的部分私钥 D_{ID_i} 时，如果 $ID_i=ID^*$，那么，挑战者 C 失败并退出；否则，挑战者 C 返回 $D_{ID_i}=(s+t_i)^{-1}P$。

⑥ 用户公钥询问：当询问身份为 ID_i 的公钥 R_{ID_i} 时，挑战者 C 如同定理 8-5 中那样进行响应。

⑦ 用户私钥询问：当询问身份为 ID_i 的私钥时，挑战者 C 如同定理 8-5 那样进行响应。

⑧ 替换公钥询问：当将身份为 ID_i 的公钥替换为 R'_{ID_i} 时，挑战者 C 如同定理 8-5 那样进行响应。

⑨ 签密询问：挑战者 C 如同定理 8-5 那样进行响应。

⑩ 解签密询问：挑战者 C 如同定理 8-5 那样进行响应。

伪造阶段：敌手 A_{I} 输出消息 m^*、签密发送者 ID_{S}^*、签密接收者 ID_{R}^* 下的伪造无证书签密 $\boldsymbol{\sigma}_1^*=(c,\ S_1,\ T)$，如果 $ID_{\text{S}}\neq ID^*$，那么，挑战者 C 失败退出；否则，挑战者 C 在列表 L_4 中查找 $(m,\ U,\ h_4,\ c,\ \gamma)$。根据分叉引理[43]，通过重放敌手 A_{I}，挑战者 C 可以获得另一个不同的伪造 $\boldsymbol{\sigma}_2^*=(c,\ S_2,\ T)$，这里 $h_4\neq h'_4$。由等式 $e(S_1,\ R_{ID_{\text{S}}}+y_{ID_{\text{S}}}Q_{ID_{\text{S}}})=Ug^{h_4}$ 和 $e(S_2,\ R_{ID_{\text{S}}}+y_{ID_{\text{S}}}Q_{ID_{\text{S}}})=Ug^{h'_4}$，可得 $g^{h'_4-h_4}=e(S_2-S_1,\ R_{ID_{\text{S}}}+y_{ID_{\text{S}}}Q_{ID_{\text{S}}})$，又由 $Q_{ID_{\text{S}}}=sP+t_0P$，从而有 $e(\dfrac{1}{s+t_0}P,\ P)=e(\dfrac{x_{ID_{\text{S}}}+y_{ID_{\text{S}}}}{h'_4-h_4}(S_2-S_1),\ P)$，故 k-CAA 问题的解为 $\dfrac{1}{s+t_0}P=\dfrac{x_{ID_{\text{S}}}+y_{ID_{\text{S}}}}{h'_4-h_4}(S_2-S_1)$。

因此，如果存在一个敌手 A_{I} 能够以不可忽略的概率伪造一个有效的无证书签密，那么就存在一个有效的算法，能以不可忽略的概率解决 k-CAA 问题，而这与 k-CAA 问题是一个困难问题相矛盾，故方案是不可伪造的。

定理 8-8 在 mICDH 困难问题假设下，本节方案在第二类敌手 A_{II} 攻击下满足适应性选择消息攻击下的存在不可伪造性。

证明 假设敌手 A_{II} 能以不可忽略的优势攻击本方案，则能够构造算法 B，算法 B 可以利用敌手 A_{II} 解决 mICDH 问题。

给定算法 B 一个 mICDH 问题的实例 (P, aP, b)，其目标是计算 $(a+b)^{-1}P$，其中，$(a, b) \in \mathbb{Z}_p^*$。为此，算法 B 模仿敌手 A_{II} 的挑战者 C 与其交互如下。

初始化阶段：挑战者 C 构造系统公开参数 $params$，其中，$g = e(P, P)$，$P_{\text{pub}} = sP$，系统私钥 $msk = s$ 由挑战者 C 选定。然后，挑战者 C 随机选取 $ID^* \in (0, 1)^*$，并将 $params$、msk 和 ID^* 发送给敌手 A_{II}。

询问阶段：假定敌手 A_{II} 在对用户公钥询问、用户私钥询问和签密询问之前已进行 H_1 询问，在对用户私钥询问和签密询问之前已进行用户公钥询问。挑战者 C 维护 5 个列表 L_1、L_2、L_3、L_4 和 $L_K = (ID, R_{ID}, x_{ID})$，它们在初始状态下都是空表。当敌手 A_{II} 发起询问时，挑战者 C 做如下响应。

① H_1 询问：询问 $H_1(ID_i)$ 时，挑战者 C 如同定理 8-6 那样进行响应。

② H_2 询问：询问 $H_2(R_{ID_i})$ 时，如果 $R_{ID_i} = saP + q_{ID_i}aP$，则返回 $\gamma_{ID_i} = b$；否则，挑战者 C 随机选取 $\gamma_{ID_i} \in \mathbb{Z}_p^*$ 返回，并把 $(R_{ID_i}, \gamma_{ID_i})$ 添加到列表 L_2 中。

③ H_3 询问：询问 $H_3(U)$ 时，挑战者 C 如同定理 8-5 那样进行响应。

④ H_4 询问：询问 $H_4(m, U)$ 时，挑战者 C 如同定理 8-5 那样进行响应。

⑤ 用户公钥询问：当询问身份为 ID_i 的公钥 R_{ID_i} 时，如果 $ID_i = ID^*$，则挑战者 C 返回 $R_{ID_i} = saP + q_{ID_i}aP$，并把 $(ID_i, R_{ID_i}, \perp)$ 添加到列表 L_K 中；如果 $ID_i \neq ID^*$，则挑战者 C 首先在列表 L_1 中查询 $(ID_i, Q_{ID_i}, q_{ID_i})$，然后随机选取 $x_{ID_i} \in \mathbb{Z}_p^*$ 计算 $R_{ID_i} = x_{ID_i}Q_{ID_i}$ 并返回，最后把 $(ID_i, R_{ID_i}, x_{ID_i})$ 添加到列表 L_K 中。

⑥ 用户私钥询问：当询问身份为 ID_i 的私钥时，挑战者 C 如同定理 8-6 那样进行响应。

⑦ 签密询问：挑战者 C 如同定理 8-7 那样进行响应。

⑧ 解签密询问：挑战者 C 如同定理 8-7 那样进行响应。

伪造阶段：敌手 A_{II} 输出消息 m^*、签密发送者 ID_S^*、签密接收者 ID_R^* 下的伪造无证书签密 $\sigma_1^* = (c, S_1, T)$，如果 $ID_S \neq ID^*$，那么，挑战者 C 失败退出；否则，挑战者 C 在列表 L_4 中查找 (m, U, h_4, c, γ)。根据分叉引理，通过重放敌手 A_{II}，挑战者 C 可以获得另一个不同的伪造 $\sigma_2^* = (c, S_2, T)$，这里

$h_4 \neq h'_4$。由等式 $e(S_1, R_{ID_S}+y_{ID_S}Q_{ID_S})=Ug^{h_4}$ 和 $e(S_2, R_{ID_S}+y_{ID_S}Q_{ID_S})=Ug^{h'_4}$，可得 $g^{h'_4-h_4}=e(S_2-S_1, R_{ID_S}+y_{ID_S}Q_{ID_S})$，又由 $R_{ID_S}=saP+q_{ID_S}aP$，$y_{ID_S}=b$，从而有 $e(\frac{1}{a+b}P, P)=e(\frac{s+q_{ID_S}}{h'_4-h_4}(S_2-S_1), P)$，故 mICDH 问题的解为 $\frac{1}{a+b}P=\frac{s+q_{ID_S}}{h'_4-h_4}(S_2-S_1)$。

因此，如果存在一个敌手 A_{II} 能够以不可忽略的概率伪造一个有效的无证书签密，那么就存在一个有效的算法，能以不可忽略的概率解决 mICDH 问题，而这与 mICDH 问题是一个困难问题相矛盾，故方案是不可伪造的。

参考文献

[1] ZHENG Y L. Digital signcryption or how to achieve cost (signature & encryption) << cost (signature) + cost (encryption) [C] //Proceedings of the 17th Annual International Cryptology Conference on Advances in Cryptology, LNCS 1294. Berlin: Springer-Verlag, 1997: 165-179.

[2] PETERSEN H, MICHELS M. Cryptanalysis and improvement of signcryption schemes [J]. IEEE computers and digital communications, 1998, 145 (2): 149-151.

[3] BAO F, DENG R H. A signcryption scheme with signature directly verifiable by public key [C] //Proceedings of the 1st International Workshop on Practice and Theory in Public Key Cryptography, LNCS 1431. Berlin: Springer-Verlag, 1998: 55-59.

[4] GAMAGE C, LEIWO J, ZHENG Y L. Encrypted message authentication by firewalls [C] //Proceedings of the 2nd International Workshop on Practice and Theory in Public Key Cryptography, LNCS 1560. Berlin: Springer-Verlag, 1999: 69-81.

[5] STEINFELD R, ZHENG Y L. A signcryption scheme based on integer factorization [C] //Proceedings of the 3rd International Workshop on Information Security, LNCS 1975. Berlin: Springer-Verlag, 2000: 308-322.

[6] YUM D H, LEE P J. New signcryption schemes based on KCDSA [C] //Proceedings of the 4th International Conference on Information Security and Cryptology, LNCS 2288. Berlin: Springer-Verlag, 2001: 305-317.

[7] SHIN J B, LEE K, SHIM K. New DSA-verifiable signcryption schemes [C] //Proceedings of the 5th International Conference on Information Security and Cryptology, LNCS 2587. Berlin: Springer-Verlag, 2002: 35-47.

[8] MALONE-LEE J, MAO W. Two birds one stone: signcryption using RSA [C] //

Proceedings of the Cryptographers' Track at the RSA Conference, LNCS 2612. Berlin: Springer-Verlag, 2003: 211-226.

[9] HWANG R J, LAI C H, SU F F. An efficient signcryption scheme with forward secrecy based on elliptic curve [J]. Applied mathematics & computation, 2005, 167 (2): 870-881.

[10] MALONE-LEE J. Identity based signcryption. Cryptology ePrint Archive, Report 2002/098 [R/OL]. [2019-04-26]. http: //eprint. iacr. org/2002/098.

[11] LIBERT B, QUISQUATER J J. New identity based signcryption schemes from pairings [C] // Proceedings of the 2003 IEEE Information Theory Workshop, IEEE Xplore, 2003: 155-158.

[12] BOYEN X. Multipurpose identity-based signcryption [C] // Proceedings of the 23rd Annual International Cryptology Conference on Advances in Cryptology, LNCS 2729. Berlin: Springer-Verlag, 2003: 383-399.

[13] CHOW S S M, YIU S M, HUI L C K, et al. Effcient forward and provably secure ID-based signcryption scheme with public verifiability and public ciphertext authenticity [C] // Proceedings of the 5th International Conference on Information Security and Cryptology, LNCS 2971. Berlin: Springer-Verlag, 2003: 352-369.

[14] Chen L Q, Malone-Lee J. Improved identity-based signcryption [C] //Proceedings of the 8th International Workshop on Theory and Practice in Public Key Cryptography, LNCS 3386. Berlin: Springer-Verlag, 2005: 362-379.

[15] BARRETO P S L M, LIBERT B, MCCULLAGH N, et al. Efficient and provably secure identity-based signatures and signcryption from bilinear maps [C] //Proceedings of the 11th International Conference on the Theory and Application of Cryptology and Information Security, LNCS 3788. Berlin: Springer-Verlag, 2005: 515-532.

[16] 李发根，胡玉濮，李刚．一个高效的基于身份的签密方案 [J]．计算机学报，2006，29 (9): 1641-1647.

[17] 张明武，杨波，周敏，等．两种签密方案的安全性分析及改进 [J]．电子与信息学报，2010，32 (7): 1731-1736.

[18] SUN Y X, LI H. Efficient signcryption between TPKC and IDPKC and its multi-receiver constructlon [J]. science china information science, 2010, 53 (3): 557-566.

[19] YU Y, YANG B, SUN Y, et al. Identity-based signcryption scheme without random oracles. Computer standards & interfaces, 2009, 31 (1): 56-62.

[20] JIN Z P, WEN Q Y, DU H Z. An improved semantically-secure identity-based signcryption scheme in the standard model [J]. Computer and electrical engineering, 2010, 36 (3): 545-552.

[21] ZHANG B, XU Q L. Identity-based multi-signcryption scheme without random oracles [J].

Chinese journal of computers, 2010, 33 (1): 103-110.

[22] KUSHWAH P, LAL S. Identity based signcryption schemes without random oracles [J]. International journal of network security & its applications, 2012, 31 (1): 56-62.

[23] BARBOSA M, FARSHIM P. Certificateless signcryption [C] //Proceedings of the 2008 ACM Symposium on Information, Computer and Communications Security, New York: ACM, 2008: 369-372.

[24] DIEGO F A, CASTRO R, LOPEZ J, et al. Efficient certificateless signcryption [R/OL]. [2019-04-26]. http://www.researchgate.net/publication/228981520_Efficient_certificateless_signcryption.

[25] WU C, CHEN Z. A new efficient certificateless signcryption scheme [C] //Proceedings of the 2012 Fourth International Symposium on Information Science and Engineering, IEEE Xplore, 2008: 661-664.

[26] LI F G, SHIRASE M, TAKAGI T. Certificateless hybrid signcryption [C] //Proceedings of the 5th International Conference on Information Security Practice and Experience. Berlin: Springer-Verlag, 2009: 112-123.

[27] SELVI S S D, VIVEK S S, RANGAN C P. Certificateless KEM and hybrid signcryption schemes revisited. Cryptology ePrint Archive, Report 2009/462 [R/OL]. [2019-04-36]. http://eprint.iacr.org/2009/462.

[28] XIE W J, ZHANG Z. Efficient and provably secure certificateless signcryption from bilinear maps. Cryptology ePrint Archive, Report 2009/578 [R/OL]. [2019-04-26]. http://eprint.iacr.org/2009/578.

[29] SELVI S S D, VIVEK S S, RANGAN C P. Cryptanalysis of certificateless signcryption schemes and an efficient construction without pairing. Cryptology ePrint Archive, Report 2009/298 [R/OL]. [2019-04-26]. http://eprint.iacr.org/2009/298.

[30] SELVI S S D, VIVEK S S, RANGAN C P. Security weakness in two certificateless signcryption schemes. Cryptology ePrint Archive, Report 2010/092 [R/OL]. [2019-04-26]. http://eprint.iacr.org/2010/092.

[31] 王会歌, 王彩芬, 易玮, 等. 高效的无证书可公开验证签密方案 [J]. 计算机工程, 2009, 35 (5): 147-149.

[32] 宋明明, 张彰, 谢文坚. 一种无证书签密方案的安全性分析 [J]. 计算机工程, 2011, 37 (9): 163-165.

[33] BARRETO P S L M, DEUSAJUTE A M, CRUZ E D S, et al. Towards efficient certificateless signcryption from (and without) bilinear pairings [R/OL]. [2019-04-26]. http://www.researchgate.net/publication/228662897_Toward_efficient_certificateless_signcryption_

from_ %28and_ without%29_ bilinear_ pairings.

[34] XIE W J, ZHANG Z. Certificateless signcryption without pairing. Cryptology ePrint Archive, Report 2010/187 [R/OL]. [2019-04-26]. http://eprint. iacr. org/2010/187.

[35] LIU Z H, HU Y P, ZHANG X S, et al. Certificateless signcryption scheme in the standard model [J]. Information science, 2010, 180 (1): 452-464.

[36] JIN Z P, WEN Q Y, ZHANG H. A supplement to Liu et al. 's certificateless signcryption scheme in the standard model. Cryptology ePrint Archive, Report 2010/252 [R/OL]. [2019-04-26]. http:// eprint. iacr. org/2010/252.

[37] 向新银. 标准模型下的无证书签密方案 [J]. 计算机应用, 2010, 30 (8): 2151-2153.

[38] 王培东, 解英, 解凤强. 标准模型下可证安全的无证书签密方案 [J]. 哈尔滨理工大学学报, 2012, 17 (3): 83-86.

[39] 孙华, 孟坤. 标准模型下可证安全的有效无证书签密方案 [J]. 计算机应用, 2013, 33 (7): 1846-1850.

[40] AU M H, LIU J K, YUEN T H, et al. Practical hierarchical identity based encryption and signature schemes without random oracles. Cryptology ePrint Archive, Report 2006/ 368 [EB/OL]. [2019-04-26]. http://eprint. iacr. org/2006/368. pdf.

[41] DU H Z, WEN Q Y. Efficient and provably-secure certificateless short signature scheme from bilinear pairings [J]. Computer standards & interfaces, 2009, 31 (2): 390-394.

[42] CHEN Y, ZHANG F T. A new certificateless public key encryption scheme [J]. Wuhan University journal of natural sciences, 2008, 13 (6): 721-726.

[43] HERRANZ J, SAEZ G. Forking lemmas for ring signature schemes [C] //Proceedings of the 4th International Conference on Cryptology in India, LNCS 2904. Berlin: Springer-Verlag, 2003: 266-279.

第9章 基于格的签密

本章首先介绍格基签密的研究现状，然后给出基于格的签密（lattice-based signcryption，LBSC）的形式化定义和安全模型，最后给出一个基于格的签密方案，并通过对方案的安全性进行分析，指出其满足相应的安全特性。

9.1 格基签密概述

自从签密概念提出以来，不少学者对其展开了广泛的研究。然而，随着量子计算机的发展，后量子时代的密码体制已成为密码学领域新的研究热点，格基签密体制的设计便是其中一个重要的研究内容。

在基于格的签密方面，Li 等人[1] 在随机模型下提出了一个基于格的签密方案，并分别基于 LWE 困难问题和 ISIS 困难问题，证明方案满足适应性选择密文攻击下的不可区分性和适应性选择消息攻击下的存在不可伪造性。Xiang、Hu 和 Wang[2] 在随机模型下提出了一个格基属性的签密方案，并分别基于 LWE 困难问题和 SIS 困难问题，证明了方案的安全性。Wang 等人[3] 将签密 tag-KEM 应用到格密码中，提出了一个随机模型下基于格的混合签密方案，并分别基于 LWE 困难问题和 SIS 困难问题，证明方案满足适应性选择密文攻击下的不可区分性和适应性选择消息攻击下的存在不可伪造性。Lu 等人[4] 提出了一个标准模型下基于格的签密方案，并分别基于 LWE 困难问题和 SIS 困难问题，证明了方案的安全性。Yan 等人[5] 在标准模型下提出了一个格基身份的签密方案，并基于 LWE/LWR 困难问题证明方案满足适应性选择密文攻击下的不可区分性，以及基于 SIS 困难问题，证明方案满足适应性选择消息攻击下的存在不可伪造性。Zhang 等人[6] 在随机模型下提出了第一个格基身份的代理签密方案，该方案也是利用 LWE 困难问题和 SIS 困难问题，证明方案满足适应性选择密文攻击下的不可区分性和适应性选择消息攻击下的存在不可伪造性。路秀华、温巧燕和王励成[7] 基于 LWE 困难问题和 SIS 困难问题，提出了第一个格上的异构签密方案，并对方案的安全性进行了证明。随后，路秀华等人[8] 提出了第一个不用陷门产生算法和原像抽样技术的格基签密方案，该方案同样利用 LWE 困难问题和 SIS 困难问题，证明了方案满足适应性选择密文攻击下的不可区分性和适应性选择消息攻击下的存在不可伪造性。项文等人[9] 在随机模型下利用格基代理技术提出了一个前向安全的格基身份签密方案，并基于 LWE 困难问题和 SIS 困难问题，证明方案满足适应性选择密文攻击下的不可区分性和适应性选择消息攻击下的存在不可伪造性。Sato 和 Shikata[10] 在标准模型下提出了一个公钥和密文长度更短的格基签密方案，并基于 LWE 困难问题和 SIS 困难问题，证明方案满足适应性选择密文攻击下的不可区分性和适应性选择消息攻击下的存在不可伪造性。汤海婷和汪学明[11] 在随机模型下提出了一个基于格的属性签密方案，同样基于 LWE 困难问题和 SIS 困难问题，对方案的安全性进行了证明。

9.2 格基身份签密的定义和安全模型

9.2.1 格基身份签密的形式化定义

定义 9-1 一个基于格的签密方案由以下 4 个算法组成。

① 系统初始化算法 Setup：该算法给定系统安全参数 k ，生成系统参数 PP 及相应的主密钥 MSK。其中，系统参数 PP 是公开的，而主密钥 MSK 是保密的。

② 私钥提取算法 Extract：该算法输入系统参数数 PP 、主密钥 MSK 和用户身份 ID ，输出身份为 ID 的用户私钥 SK_{ID} ，并将其发送给用户。

③ 签密算法 Signcrypt：该算法输入待签密消息 M 、签密发送者 ID_{S} 的私钥 $SK_{ID_{\mathrm{S}}}$ 及签密接收者的身份 ID_{R} ，输出密文 $c = Signcrypt\,(M,\ SK_{ID_{\mathrm{S}}},\ ID_{\mathrm{R}})$ 。

④ 解签密算法 Unsigncrypt：该算法输入签密发送者的身份 ID_S、签密接收者 ID_R 的私钥 SK_{ID_R} 及密文 c，如果 c 是一个有效的密文，则返回消息 M；否则，输出 $\perp$。

9.2.2　格基身份签密的安全模型

签密体制的主要安全目标是保密性和不可伪造性。保密性是指能够满足适应性选择密文攻击下的不可区分性，即语义安全性。不可伪造性是指满足适应性选择消息和身份攻击下的存在不可伪造性。下面介绍这两个安全目标的定义。

定义 9-2　如果没有概率多项式时间的敌手 A 在下面的游戏中获得不可忽略的优势，就说明一个基于格的签密方案在适应性选择密文攻击下是不可区分的(IND-LBSC-CCA)。这里，我们通过一个敌手 A 与挑战者 C 之间的游戏来描述它们之间的交互过程。

初始化阶段：挑战者 C 运行 Setup 算法生成系统参数 PP，并发送给敌手 A，保存主密钥 MSK。

第一阶段：敌手 A 可以适应性地向挑战者 C 发出如下一定数量的询问，即每一次的询问都可以根据前一次的回答进行调整。

① 私钥询问：敌手 A 任意选择用户身份 ID。挑战者 C 运行 Extract 算法计算身份 ID 的私钥 SK_{ID}，并将其发送给敌手 A。

② 签密询问：敌手 A 选择身份为 ID_S 的签密发送者、身份为 ID_R 的签密接收者和消息 M。挑战者 C 首先运行 Extract 算法计算 ID_S 的私钥 SK_{ID_S}，然后运行 Signcrypt 算法生成签密 c，并将其发送给敌手 A。

③ 解签密询问：敌手 A 选择身份为 ID_S 的签密发送者、身份为 ID_R 的签密接收者和密文 c。挑战者 C 首先运行 Extract 算法计算 ID_R 的私钥 SK_{ID_R}，然后运行 Unsigncrypt 算法将解密后的结果发送给敌手 A。如果 c 是一个有效的签密，则返回消息 M；否则，返回 $\perp$。

挑战阶段：敌手 A 任选两个长度相同的消息 M_0、M_1，身份为 ID_S 的签密发送者及将要发起挑战的身份 ID_R。挑战者 C 任意选取一位 $b \in \{0, 1\}$，计算 $c^* = Signcrypt(M_b, SK_{ID_S}, ID_R)$，并将其发送给敌手 A。

第二阶段：敌手 A 可以如第一阶段那样发起一定数量的任意询问，但其不能询问 ID_R 的私钥，且不能对签密 c^* 发起解密询问，同时不能对 M_0 或 M_1 在 ID_S 下进行签密询问。

猜测阶段：在游戏最后，敌手 A 输出一位 b' 。如果 $b=b'$ ，那么，敌手 A 赢得游戏。我们将敌手 A 获得成功的优势定义为：

$$\mathrm{Adv}_{\mathrm{A}}^{\mathrm{IND\text{-}LBSC\text{-}CCA}}(k)=|2\Pr[b=b']-1|。\tag{9-1}$$

定义 9-3 如果没有概率多项式时间的敌手 A 在下面的游戏中获得不可忽略的优势，就说明一个基于格的签密方案满足适应性选择消息攻击下的存在不可伪造性（EU-LBSC-CMA）。我们通过一个敌手 A 与挑战者 C 之间的游戏来描述它们之间的交互过程。

初始化阶段：挑战者 C 运行 Setup 算法生成系统参数 PP，并发送给敌手 A，而将 MSK 保密。

询问阶段：敌手 A 可以如同上面定义的那样，向挑战者 C 发起一定数量的询问。

伪造阶段：敌手 A 输出（c^*，ID_{S}，ID_{R}）作为消息的伪造，其中，ID_{S} 是签密发送者的身份，ID_{R} 是签密接收者的身份。如果敌手 A 没有在上面的步骤中询问 ID_{S} 的私钥 $SK_{ID_{\mathrm{S}}}$，$UnSigncrypt(c^*, ID_{\mathrm{S}}, SK_{ID_{\mathrm{R}}})$ 的结果不为 $\perp$，并且密文 c^* 不是敌手 A 进行签密询问的输出，那么，敌手 A 赢得游戏。我们将敌手 A 获胜的优势定义为：

$$\mathrm{Adv}_{\mathrm{A}}^{\mathrm{EU\text{-}LBSC\text{-}CMA}}(k)-\Pr[\mathrm{A}\ succeeds]。\tag{9-2}$$

9.3 一个格基身份的签密方案

本节基于参考文献［12，13］给出一个可证安全的格基身份的签密方案，该方案描述如下。

9.3.1 方案描述

给定系统安全参数为 n，素数 $q>2$，正数 $\sigma>0$。设用户身份为 $ID\in\{0,1\}^{l_0}$，消息为 $M\in\{0,1\}^{l_1}$，其中，l_0 和 l_1 表示身份和消息的长度。选取 3 个 Hash 函数 $H_1:\{0,1\}^{l_0}\to\mathbb{Z}_q^{m\times m}$，$H_2:\{0,1\}^*\to\mathbb{Z}_q^n$ 和 $H_3:\{0,1\}^*\to\{0,1\}^{l_0+l_1}$，该方案由如下 4 个步骤构成。

（1）系统参数产生

系统首先运行算法 TrapGen(q, n)，输出随机矩阵 $\boldsymbol{A}\in\mathbb{Z}_q^{n\times m}$ 及 $\Lambda^{\perp}(\boldsymbol{A})$ 上的

一个基 $B \in \mathbb{Z}_q^{m\times m}$，并且有 $\|B\| \leqslant k$；系统主密钥为 B，公开参数为 $PP = (\boldsymbol{A}, H_1, H_2, H_3)$。

（2）私钥提取

首先给定用户身份 ID，计算 $Y_{ID} = H_1(ID)$，令 $PK_{ID} = \boldsymbol{A}(Y_{ID})^{-1}$ 为用户的公钥；然后运行算法 BasisDel$(\boldsymbol{A}, Y_{ID}, B, \sigma)$，生成用户的私钥 SK_{ID}，这里，SK_{ID} 是 $\Lambda^{\perp}(PK_{ID})$ 的一个基；最后将 SK_{ID} 发送给用户 ID。

（3）签密

令实际签密者身份为 ID_{S}，其私钥为 $SK_{ID_{\mathrm{S}}}$，M 为待签密消息，签密接收者的身份为 ID_{R}。该签密者 ID_{S} 通过执行下面的步骤来生成签密。

① 签密者 ID_{S} 随机选取 $r \in \{0, 1\}^{l_2}$，计算 $h_2 = H_2\{ID_{\mathrm{S}}\|M\|r\}$。

② 签密者 ID_{S} 计算 SamplePre$(PK_{ID_{\mathrm{S}}}, SK_{ID_{\mathrm{S}}}, h_2, \delta) \rightarrow e$。

③ 签密者 ID_{S} 随机选取向量 $v \in \mathbb{Z}_q^n$，并计算 $U_{\mathrm{R}} = (c_{\mathrm{R}}, d_{\mathrm{R}})$，这里，$c_{\mathrm{R}} = H_3\{v, e\} \oplus \{ID_{\mathrm{S}}\|M\}$，$d_{\mathrm{R}} = PK_{ID_{\mathrm{R}}}^{\mathrm{T}}v + e$，则生成的签密为 $C = (r, U_{\mathrm{R}})$。

（4）解签密

签密接收者 ID_{R} 收到签密 $C = (r, U_{\mathrm{R}})$ 后，其进行如下计算。

① 签密接收者 ID_{R} 用其私钥 $SK_{ID_{\mathrm{R}}}$ 从 d_{R} 中计算得到 (v, e)。

② 签密接收者 ID_{R} 计算 $H_3\{v, e\} \oplus c_{\mathrm{R}}$，从中可得到身份 ID_{S} 和消息 M 的值。如果所得二进制位串中前 l_0 位为身份 ID_{S} 的值，则位串中后 l_1 位即为消息 M 的值；否则，签密接收者 ID_{R} 停止验证过程。

③ 签密接收者 ID_{R} 进行计算，当等式 $PK_{ID_{\mathrm{S}}}e = H_2\{ID_{\mathrm{S}}\|M\|r\}$ 成立时，C 是一个有效的签密，且步骤②中所得到的 M 即为进行签密的消息。

9.3.2 方案的正确性

本方案中的签密接收者 ID_{R} 可以利用其私钥 $SK_{ID_{\mathrm{R}}}$ 对密文 C 进行解签密，并通过等式 $PK_{ID_{\mathrm{S}}}e = H_2\{ID_{\mathrm{S}}\|M\|r\}$ 进行验证。如果等式成立，则 C 是一个有效的签密，并且在解签密过程中能够得到消息 M，故本方案是正确的。

9.3.3 方案的安全性分析

定理 9-1　在 LWE 困难问题假设下，方案满足适应性选择密文攻击下的不可区分性。即如果存在运行时间至多为 t、优势至少为 ε 的敌手 A，且其随机预言机询问的次数最多为 $q_{H_i}(i = 1, 2, 3)$、私钥询问的次数最多为 q_e、签密询问

最多为 q_{sc}、解密询问最多为 q_{usc}，那么，存在算法 B 能以不可忽略的概率解决 LWE 问题。

证明：假定敌手 A 能以不可忽略的优势攻击上面的方案，则能够构造算法 B，算法 B 可以利用敌手 A 解决 LWE 问题。给定算法 B 一个 LWE 问题的实例 $(u, v) = (u, u^{\mathrm{T}}s + e)$，其目标是寻找满足 $v = u^{\mathrm{T}}s + e$ 成立的向量 s。为此，算法 B 模仿敌手 A 的挑战者与其交互如下。

初始化阶段：算法 B 随机选择 $(u, v) \in \mathbb{Z}_q^{n\times m} \times \mathbb{Z}_q^m$，令 $(u, v) = (\boldsymbol{A}^*, d^*)$，然后运行算法 SampleR$(1^m) \rightarrow R^*$，计算 $\boldsymbol{A} = \boldsymbol{A}^* R^*$。同时，随机选取目标身份 ID^*，然后把 $(\boldsymbol{A}, ID^*)$ 发送给敌手 A。

第一阶段：敌手 A 可以发起一定数量的随机预言机询问、私钥询问、签密及解签密询问。

① H_1 询问：为了响应对随机预言机 H_1 的询问，算法 B 维护一张列表 $L_1 = (ID_i, R_i, B_i, T_i)$。当敌手 A 对 ID_i 进行 H_1 询问时，算法 B 的响应如下。

如果 (ID_i, R_i) 已经存在于列表 L_1 中，则算法 B 返回 R_i 给敌手 A；否则，算法 B 运行算法 SampleRwithBasis$(\boldsymbol{A}) \rightarrow R_i$，计算 $B_i = \boldsymbol{A}(R_i)^{-1}$ 及 $\Lambda^{\perp}(B_i)$ 的一个基 T_i，然后把 (ID_i, R_i, B_i, T_i) 添加到列表 L_1 中，并把 R_i 发送给敌手 A。

② H_2 询问：为了响应对随机预言机 H_2 的询问，算法 B 维护一张列表 $L_2 = (ID_i, M_i, r_i, h_{2i})$。当敌手 A 进行 H_2 询问时，算法 B 的响应如下。

如果 (ID_i, M_i, r_i) 已经存在于列表 L_2 中，则算法 B 返回 h_{2i} 给敌手 A；否则，算法 B 随机选取 $h_{2i} \in \mathbb{Z}_q^n$，然后把 (ID_i, M_i, r_i, h_{2i}) 添加到列表 L_2 中，并把 h_{2i} 发送给敌手 A。

③ H_3 询问：为了响应对随机预言机 H_3 的询问，算法 B 维护一张列表 $L_3 = (v_i, e_i, h_{3i})$。当敌手 A 进行 H_2 询问时，算法 B 的响应如下。

如果 (v_i, e_i) 已经存在于列表 L_3 中，则算法 B 返回 h_{3i} 给敌手 A；否则，算法 B 随机选取 $h_{3i} \in \{0, 1\}^{l_0+l_1}$，然后把 (v_i, e_i, h_{3i}) 添加到列表 L_3 中，并把 h_{3i} 发送给敌手 A。

④ 私钥询问：当敌手 A 询问身份 ID_i 的私钥时，算法 B 查找列表 L_1，并把 T_i 作为其私钥发送给敌手 A。这里要求敌手 A 不能询问身份 ID^* 的私钥。

⑤ 签密询问：敌手 A 可以任意发起在签密发送者为 $ID_{\mathrm{S}}(ID_{\mathrm{S}} \neq ID^*)$ 和签密接收者为 ID_{R} 下对消息 M 的签密询问。如果 $H_1(ID_S) \neq R^*$，算法 B 查找列表 L_1，找到 ID_{S} 的私钥 $SK_{ID_{\mathrm{S}}}$，然后运行 Signcrypt 算法生成一个有效的签密 C，并发

送给敌手 A；如果 $H_1(ID_S)=R^*$，算法 B 按照如下方式产生签密。

a. 算法 B 随机选取 $h_{2s}\in\mathbb{Z}_q^n$，由 $\boldsymbol{A}(R^*)^{-1}x=h_{2s}$ 得到该方程的一个解 e_s。然后，算法 B 随机选取 $r_s\in\{0,1\}^{l_2}$，把 (ID_S, M, r_s, h_{2s}) 添加到列表 L_2 中。

b. 算法 B 随机选取向量 $v_s\in\mathbb{Z}_q^n$，计算 $U_R=(c_R, d_R)$，其中，$c_R=H_3\{v, e_s\}\oplus\{ID_S\|M\}$，$d_R=PK_{ID_R}^{\mathrm{T}}v+e_s$，并把 (v_s, e_s, h_{3s}) 添加到列表 L_3 中。

最后，算法 B 把签密 $C=(r, U_R)$ 发送给敌手 A。

⑥ 解签密询问：敌手 A 发起在 (ID_S, ID_R) 下对 $C=(r, U_R)$ 的解签密询问。如果 $H_1(ID_R)\neq R^*$，算法 B 查找列表 L_1，找到 ID_R 的私钥 SK_{ID_R}，然后运行 Unsigncrypt 算法，并返回消息 M；如果 $H_1(ID_R)=R^*$，算法 B 在列表 L_3 中查找 (v_r, e_r, h_{3r}) 满足 $d_R=\boldsymbol{A}(R^*)^{-1}v_r+e_r$，并计算 $\{ID_S\|M\}=h_{3r}\oplus c_R$。然后，算法 B 在列表 L_2 中查找 (ID_S, M, r, h_{2s})，如果其不存在于列表 L_2 中，则算法 B 失败退出；否则，算法 B 验证等式 $\boldsymbol{A}(R^*)^{-1}e_r=h_{2s}$ 是否成立。如果等式成立，算法 B 返回消息 M 给敌手 A；否则，算法 B 失败退出。

挑战阶段：一旦敌手 A 确定第一阶段结束，其输出签密发送者身份 ID_S^*、签密接收者身份 ID_R^* 及两个长度相同的消息 M_0 和 M_1。如果敌手 A 在第一阶段询问了 ID_S^* 的私钥，那么，算法 B 将失败退出；否则，算法 B 随机选取 M_b，其中，$b\in\{0,1\}$。任意选取 $r^*\in\{0,1\}^{l_2}$，然后运行 Signcrypt 算法生成一个有效的签密 $C^*=(r^*, U_R^*)$，并发送给敌手 A。

第二阶段：敌手 A 可如同第一阶段，发出一定数量的随机预言机询问、私钥询问、签密及解签密询问，但是，敌手 A 不能进行 ID_S^* 的私钥询问及 ID^* 的解签密询问。

猜测阶段：最后，敌手 A 输出对 b 的猜测 b'。算法 B 查找列表 L_3，并验证等式 $d_R^*=PK_{ID_R^*}^{\mathrm{T}}v^*+e^*$。如果等式成立，则 $b=b'$，算法 B 输出 v^* 作为 LWE 困难问题的解；否则，算法 B 失败退出。

因此，如果存在一个敌手 A 能够以不可忽略的概率攻击本方案，那么就存在一个有效的算法 B，能够以不可忽略的概率解决 LWE 问题，而这与 LWE 问题是一个困难问题相矛盾，故方案满足适应性选择密文攻击下的不可区分性。

定理 9-2　在 SIS 困难问题假设下，方案满足适应性选择消息攻击下的存在不可伪造性。即如果存在运行时间至多为 t、优势至少为 ε 的敌手 A，且其随机预言机询问的次数最多为 $q_{H_i}(i=1, 2, 3)$，私钥询问的次数最多为 q_e、签密询

问最多为 q_{sc} 、解密询问最多为 q_{usc} ，那么，存在算法 B 能以不可忽略的概率解决 SIS 问题。

证明 假设敌手 A 能以不可忽略的优势攻击本方案，则能够构造算法 B，其可以利用敌手 A 解决 SIS 问题。给定算法 B 一个 SIS 问题的实例（$\boldsymbol{A} \in \mathbb{Z}_q^{n\times m}$，$q$，$\delta$），即寻找非零向量 $x \in \mathbb{Z}^m$ ，满足 $\boldsymbol{A}x = 0(\bmod q)$ 且 $\|x\| \leqslant 2\delta\sqrt{m}$ 。为此，算法 B 模仿敌手 A 的挑战者与其交互如下。

初始化阶段：采用与定理 9-1 相同的方法构造系统参数，选取目标身份 ID^* ，并发送给敌手 A。

询问阶段：敌手 A 可以发起一定数量的随机预言机询问、私钥询问和签密询问。当敌手 A 发起询问时，挑战者 C 进行如下响应。

① H_1 询问：敌手 A 发起 H_1 询问时，算法 B 如同定理 9-1 那样进行响应。

② H_2 询问：为了响应对随机预言机 H_2 的询问，算法 B 维护一张列表 $L_2 =(ID_i, M_i, r_i, e_i, h_{2i})$ 。当敌手 A 进行 H_2 询问时，算法 B 的响应如下。

如果（ID_i，M_i，r_i）已经存在于列表 L_2 中，则算法 B 返回 h_{2i} 给敌手 A；否则，算法 B 运行算法 $\mathrm{SampleDom}(1^n) \rightarrow e_i$ ，根据 *params* 从列表 L_1 中查找 B_i ，计算 $h_{2i} = B_i e_i$ ，并把（ID_i，M_i，r_i，e_i，h_{2i}）添加到列表 L_2 中，然后把 h_{2i} 发送给敌手 A。

③ H_3 询问：敌手 A 发起 H_3 询问时，算法 B 如同定理 9-1 那样进行响应。

④ 私钥询问：敌手 A 发起私钥询问时，算法 B 如同定理 9-1 那样进行响应，这里要求敌手 A 不能询问 ID^* 的私钥。

⑤ 签密询问：敌手 A 可以任意发起在签密发送者为 ID_{S} 和签密接收者为 ID_{R} 下对消息 M 的签密询问。如果 $ID_{\mathrm{S}} \neq ID^*$ ，算法 B 查找列表 L_1，找到 ID_{S} 的私钥 $SK_{ID_{\mathrm{S}}}$ ，然后运行 Signcrypt 算法生成一个有效的签密 C ，并发送给敌手 A；如果 $ID_{\mathrm{S}} = ID^*$ ，算法 B 按照如下方式产生签密：

a. 算法 B 随机选取 $r_s \in \{0, 1\}^{l_2}$，运行算法 $\mathrm{SampleDom}(1^n) \rightarrow e_s$ ，计算 $h_{2s} = \boldsymbol{A}(R^*)^{-1} e_s$ ，并把（ID_s，M，r_s，e_s，h_{2s}）添加到列表 L_2 中。

b. 算法 B 随机选取向量 $v_s \in \mathbb{Z}_q^n$ ，计算 $U_{\mathrm{R}} = (c_{\mathrm{R}}, d_{\mathrm{R}})$ ，其中，$c_{\mathrm{R}} = H_3\{v_s, e_s\} \oplus \{ID_{\mathrm{S}}\|M\}$ ，$d_{\mathrm{R}} = PK_{ID_{\mathrm{R}}}^{\mathrm{T}} v_s + e_s$ ，$PK_{ID_{\mathrm{R}}} = A(H_1(ID_{\mathrm{R}}))^{-1}$，然后，算法 B 把签密 $C = (r_s, U_{\mathrm{R}})$ 发送给敌手 A。

伪造阶段：最后，敌手 A 输出在签密者为 ID^* 、签密接收者为 ID_R 和消息

M^* 下的签密 $C^*=(r^*, U_R^*)$。为使在整个模拟过程中算法 B 没有失败退出，需要满足以下两个条件：没有对 ID^* 进行过私钥询问；没有对 ID^* 和消息 M^* 进行过签密询问。然后，算法 B 执行如下步骤。

a. 利用 ID_R 的私钥 SK_{ID_R} 从 d_R^* 中计算得到 (v^*, e^*)。

b. 计算 $H_3\{v^*, e^*\}\oplus c_R^*$，从中可得到消息 M^* 的值。

c. 输出在身份 ID_S^* 下对消息 M^* 的伪造签名 (r^*, e^*)。

M 敌手 A 重新对 (ID^*, M^*, r^*) 进行 H_2 询问，通过重放技术，算法 B 运行算法 $\mathrm{SampleDom}(1^n)\rightarrow e'$，然后将 $PK_{ID^*}e'$ 返回给敌手 A，这里有 $e^*\neq e'$。由 $PK_{ID^*}e^*=H_2\{ID_S\|M\|r\}=PK_{ID^*}e'$，则有 $PK_{ID^*}(e^*-e')=0\bmod q$，此即 SIS 问题实例的解。

因此，如果存在一个敌手 A 能够以不可忽略的概率攻击本方案，那么就存在一个有效的算法 B，能够以不可忽略的概率解决 SIS 问题，而这与 SIS 问题是一个困难问题相矛盾，故方案满足适应性选择消息攻击下的存在不可伪造性。

参考文献

[1] LI F G, MUHAYA F B, KHAN K, et al. Lattice-based signcryption [J]. Concurrency and computation practice and experience, 2012, 25 (4): 2112-2122.

[2] WANG F H, HU Y P, WANG C X. Post-quantum secure hybrid signcryption from lattice assumption [J]. Applied mathematics and information sciences, 2012, 6 (1): 23-28.

[3] XIANG X Y, LI H, WANG M Y, et al. Hidden attribute-based signcryption scheme for lattice [J]. Security and communication networks, 2014 (7): 1780-1787.

[4] LU X H, WEN Q Y, JIN Z P, et al. A lattice-based signcryption scheme without random oracles [J]. Frontiers of computer science, 2014, 8 (4): 667-675.

[5] YAN J H, WANG L C, DONG M X, et al. Identity-based signcryption from lattices [J]. Security and communication networks, 2015 (8): 3751-3770.

[6] ZHANG X J, XU C X, JIN C H, et al. A post-quantum communication secure identity-based proxy-signcryption scheme [J]. International journal of electronic security and digital forensics, 2015, 7 (2): 147-165.

[7] 路秀华，温巧燕，王励成．格上的异构签密 [J]．电子科技大学学报，2016，45 (3): 458-462.

[8] 路秀华，温巧燕，王励成，等．无陷门格基签密方案 [J]．电子与信息学报，2016，38

(9): 2287-2293.

[9] 项文，杨晓元，王绪安，等．前向安全的格上基于身份签密方案 [J]．计算机应用，2016，36 (11): 3077-3081.

[10] SATO S, SHIKATA J J. Lattice-based signcryption without random oracles [C] //Proceedings of the 9th International Conference on Post-Quantum Cryptography. Berlin: Springer-Verlag, 2018: 331-351.

[11] 汤海婷，汪学明．基于格的属性签密方案 [J]．计算机工程与设计，2018，39 (10): 3034-3038.

[12] GENTRY C, PEIKERT C, VAIKUNTANATHAN V. Trapdoors for hard lattices and new cryptographic constructions [C] //Proceedings of the 40th Annual ACM Symposium on Theory of Computing. New York: ACM, 2008: 197-206.

[13] AGRAWAL S, BONEH D, BOYEN X. Lattice basis delegation in fixed dimension and shorter-ciphertext hierarchical IBE [C] //Proceedings of the 30th Annual Cryptology Conference, LNCS 6223. Berlin: Springer-Verlag, 2010: 98-115.

参 考 文 献

[1] AGRAWAL S, BONEH D, BOYEN X. Efficient lattice (H) IBE in the standard model[C]// Proceedings of 29th Annual International Conference on the Theory and Applications of Cryptographic Techniques, LNCS 6110. Berlin: Springer-Verlay, 2010: 553-572.

[2] AGRAWAL S, BONEH D, BOYEN X. Lattice basis delegation in fixed dimension and shorter-ciphertext hierarchical IBE[C]//Proceedings of the 30th Annual Cryptology Conference, LNCS 6223. Berlin: Springer-Verlay, 2010: 98-115.

[3] AJTAI M. Generating hard instances of lattice problems (extended abstract)[C]//Proceedings of the 28th Annual ACM Symposium on Theory of Computing. New York: ACM, 1996: 99-108.

[4] AJTAI M. The shortest vector problem in L2 is NP-hard for randomized reductions[C]// Proceedings of the Thirtieth Annual ACM Symposium on Theory of Computing. New York: AMC, 1998: 10-19.

[5] ALWEN J, PEIKERT C. Generating shorter bases for hard random lattices[J]. Theory of computing systems, 2011, 48 (3) :535-553.

[6] AL-RIYAMI S S, PATERSON K G. Certificateless public key cryptography[C]//Proceedings of the 9th International Conference on the Theory and Application of Cryptology and Information Security, LNCS 2894. Berlin: Springer-Verlag, 2003: 452-473.

[7] AU M H, CHOW S S M, SUSILO W, et al. Short linkable ring signatures revisited[C]//Proceedings of the 3rd European PKI Workshop on Theory and Practice, LNCS 4043. Berlin: Springer-Verlag, 2006: 101-115.

[8] AU M H, LIU J K, YUEN T H, et al. Practical hierarchical identity based encryption and signature schemes without random oracles. Cryptology ePrint Archive, Report 2006/ 368[EB/OL]. [2019-04-26]. http://eprint. iacr. org/2006/368. pdf.

[9] BAO F, DENG R H. A signcryption scheme with signature directly verifiable by public key[C]// Proceedings of the 1st International Workshop on Practice and Theory in Public Key Cryptography, LNCS 1431. Berlin: Springer-Verlag, 1998: 55-59.

[10] BARBOSA M, FARSHIM P. Certificateless signcryption[C]//Proceedings of the 2008 ACM Symposium on Information, Computer and Communications Security, New York: ACM, 2008: 369-372.

[11] BARRETO P S L M, DEUSAJUTE A M, CRUZ E D S, et al. Towards efficient certificateless signcryption from (and without) bilinear pairings[R/OL]. [2019-04-26]. http://www. researchgate. net/publication/228662897_Toward_efficient_certificateless_signcryption_from_%28and_without%29_bilinear_pairings.

[12] BARRETO P S L M, LIBERT B, MCCULLAGH N, et al. Efficient and provably secure identity-based signatures and signcryption from bilinear maps[C]//Proceedings of the 11th International Conference on the Theory and Application of Cryptology and Information Security, LNCS 3788. Berlin: Springer-Verlag, 2005: 515-532.

[13] BELLARE M, MICCIANCIO D, WARINSCHI B. Foundations of group signatures: formal definitions, simplified requirements and a construction based on general assumptions[C]//Proceedings of the International Conference on the Theory and Applications of Cryptographic Techniques on Advances in Cryptology, LNCS 2656. Berlin: Springer-Verlag, 2003: 614-629.

[14] BELLARE M, ROGAWAY P. Random oracles are practical: a paradigm for designing efficient protocols[C]//Proceedings of the 1st ACM Conference on Computer and Communications security. New York: AMC, 1993: 62-73.

[15] BOAS P. Another NP-complete problem and the complexity of computing short vectors in a lattice[R]. Technical Report 8104, Mathematische Instituut, Universiry of Amsterdam, 1981.

[16] BONEH D, BOYEN X. Efficient selective-id secure identity-based encryption without random oracles[C]//Proceedings of EUROCRYPT 2004, LNCS 3027. Berlin: Springer-Verlag, 2004: 223-238.

[17] BONEH D, BOYEN X. Secure identity based encryption without random oracles[C]// Proceedings of CRYPTO 2004, LNCS 3152. Berlin: Springer-Verlag , 2004: 443-459.

[18] BONEH D, BOYEN X. Short signatures without random oracles[C]//Proceedings of EUROCRYPT 2004, LNCS, 3027. Berlin: Springer-Verlag, 2004: 56-73.

[19] BONEH D, FRANKLIN M. Identity-based encryption from the Weil pairing[C]//Proceedings of the 21st Annual International Cryptology Conference on Advances in Cryptology, LNCS 2139. Berlin: Springer-Verlag, 2001: 213-229.

[20] BONEH D, FREEMAN D M. Linearly homomorphic signatures over binary fields and new tools for lattice-based signatures[C]//Proceedings of 14th International Conference on Practice and Theory in Public Key Cryptograph, LNCS 6571. Berlin: Springer-Verlay, 2011: 1-16.

[21] BOYEN X. Lattice mixing and vanishing trapdoors: a framework for fully secure short signatures and more[C]//Proceedings of the 13th International Conference on Practice and Theory in Public Key Cryptography, LNCS, 6056. Berlin: Springer-Verlag, 2010: 499-517.

[22] BOYEN X. Multipurpose identity-based signcryption[C]// Proceedings of the 23rd Annual In-

ternational Cryptology Conference on Advances in Cryptology, LNCS 2729. Berlin: Springer-Verlag, 2003: 383-399.

[23] BRASSARD G, CREPEAU C. Sorting out zero-knowledge[C]//Proceedings of EUROCRYPT'89, LNCS 434. Berlin: Springer-Verlay, 1990: 181-191.

[24] BRESSON E, STERN J, SZYDLO M. Threshold ring signatures and applications to ad-hoc groups[C]//Proceedings of the 22nd Annual International Cryptology Conference, LNCS 2442. Berlin: Springer-Verlag, 2002: 465-480.

[25] CAI J Y, CUSICK T W. A lattice-based public-key cryptosystem[J]. Information and computation, 1999, 151(12): 17-31.

[26] CAMENISCH J, STADLER M. Efficient group signature schemes for large groups[C]//Proceedings of the 17th Annual International Cryptology Conference on Advances in Cryptology, LNCS 1294. Berlin: Springer-Verlag, 1997: 410-424.

[27] CANETTI R, GOLDREICH O, HALEVI S. The random oracle methodology, revisited[J]. Journal of the ACM, 2004, 51(4): 557-594.

[28] CANETTIY R, GOLDREICHZ O, HALEVIX S. The random oracle methodology, revisited[C]//Proceedings of the 30th Annual ACM Symposium on Theory of Computing. New York: AMC, 1998: 209-218.

[29] CASH D, HOFHEINZ D, KILTZ E, et al. Bonsai trees, or how to delegate a lattice basis[C]//Proceedings of the 29th Annual International Conference on the Theory and Applications of Cryptographic Techniques on Advances in Cryptology-EUROCRYPT 2010, LNCS 6110. Berlin: Springer-Verlag, 2010: 523-552.

[30] CASH D, HOFHEINZ D, KILTZ E. How to delegate a lattice basis. Cryptology ePrint Archive, Report 2009/351 (2009)[EB/OL]. [2019-04-26]. http://eprint. iacr. org/2009/351.

[31] CASH D, HOFHEINZ D, KILTZ EIKE, et al. Bonsai trees, or how to delegate a lattice basis[J]. Journal of cryptology, 2012, 25(4): 601-639.

[32] CASH D, HOFHEINZ D, KILTZ EIKE, et al. Bonsai trees, or how to delegate a lattice basis[C]//Proceedings of the 29th Annual International Conference on the Theory and Applications of Cryptographic Techniques on Advances in Cryptology-EUROCRYPT 2010, LNCS 6110. Berlin: Springer-Verlag, 2010: 523-552.

[33] CHA J C, CHEON J H. An identity-based signature from gap Diffie-Hellman groups[C]//Proceedings of the 6th International Workshop on Practice and Theory in Public Key Cryptography, LNCS 2567. Berlin: Springer-Verlag, 2003: 18-30.

[34] CHAN T K, FUNG K, LIU J K, et al. Blind spontaneous anonymous group signatures for Ad Hoc groups[C]//Proceedings of the 1st European Workshop on Security in Ad-hoc and Sensor

Networks, LNCS 3313. Berlin: Springer-Verlag, 2005: 82–94.

[35] CHANG C C, LIN C H. An ID-based signature scheme based upon Rabin's public key cryptosystem[C]//Proceedings of the 25th Annual IEEE International Carnahan Conference on Security Technology, IEEE Xplore, 1991: 139–141.

[36] CHAUM D, HEYST E V. Group signatures[C]//Proceedings of the Workshop on the Theory and Application of Cryptographic Techniques, LNCS 547. Berlin: Springer-Verlag, 1991: 257–265.

[37] CHAUM D. Blind signatures for untraceable payments[C]//. Proceedings of CRYPTO'82. Berlin: Springer-Verlag, 1983:199–203.

[38] CHEN H, ZHANG F T, SONG R S. Certificateless proxy signature scheme with provable security[J]. Journal of software, 2009, 20(3): 1350–1354.

[39] Chen L Q, Malone-Lee J. Improved identity-based signcryption[C]//Proceedings of the 8th International Workshop on Theory and Practice in Public Key Cryptography, LNCS 3386. Berlin: Springer-Verlag, 2005: 362–379.

[40] CHEN Y, ZHANG F T. A new certificateless public key encryption scheme[J]. Wuhan University journal of natural sciences, 2008, 13(6): 721–726.

[41] CHOI KY, PARK J H, HWANG J Y, et al. Efficient certificateless signature schemes[C]//Proceedings of the 5th International Conference on Applied Cryptography and Network Security, LNCS 4521. Berlin: Springer-Verlag, 2007: 443–458.

[42] Chow S S M, Hui L C K, Yiu S M. Identity based threshold ring signature[C]//Proceedings of the 7th International Conference on Information Security and Cryptology, LNCS 3506. Berlin: Springer-Verlag, 2005: 218–232.

[43] CHOW S S M, YAP W S. Certificateless ring signatures. Cryptology ePrint Archive, Report 2007/236[EB/OL]. [2019-04-26]. http://eprint. iacr. org/2007/236.

[44] CHOW S S M, YIU S M, HUI L C K, et al. Effcient forward and provably secure ID-based signcryption scheme with public verifiability and public ciphertext authenticity[C]//Proceedings of the 5th International Conference on Information Security and Cryptology, LNCS 2971. Berlin: Springer-Verlag, 2003: 352–369.

[45] CRAMER R, SHOUP V. A practical public key cryptosystem provable secure against adaptive chosen ciphertext attack[C]//Proceedings of the 18th Annual International Cryptology Conference on Advances in Cryptology. Berlin: Springer-Verlag, 1998: 13–25.

[46] CUI S, DUAN P, CHAN C W, et al. An efficient identity-based signature scheme and its applications[J]. International journal of network security, 2006, 5(1): 89–98.

[47] DELFS H, KNEBL H. Introduction to cryptography: principles and applications[M]. Berlin:

Springer-Verlag, 2007.

[48] DESMEDT Y, FRANKEL Y. Shared generation of authenticators and signatures[C]//Proceedings of CRYPTO'91, LNCS 576. Berlin: Springer-Verlag, 1992: 457-469.

[49] DIEGO F A, CASTRO R, LOPEZ J, et al. Efficient certificateless signcryption[R/OL]. [2019-04-26]. http://www.researchgate.net/publication/228981520_Efficient_certificateless_signcryption.

[50] DIFFIE W, HELLMAN M. New directions in cryptography[J]. IEEE transactions on information theory, 1976, 22(6): 644-654.

[51] DU H Z, WEN Q Y. Efficient and provably-secure certificateless short signature scheme from bilinear pairings[J]. Computer standards & interfaces, 2009, 31(2): 390-394.

[52] ELGAMAL T. A public key cryptosystem and a signature scheme based on discrete logarithms [J]. IEEE transactions on information theory, 1985, 31(4): 469-472.

[53] FIAT A, SHAMIR A. How to prove yourself: practical solutions to identification and signature problems[C]//Proceedings of CRYPTO'86, LNCS 263. Berlin: Springer-Verlag, 1987: 186-194.

[54] FIEGE U, FIAT A, SHAMIR A. Zero knowledge proofs of identity[C]//Proceedings of the 19th Annual ACM Symposium on Theory of Computing. NewYork: ACM, 1987: 210-217.

[55] FOROUZAN B A. 密码学与网络安全[M]. 马振晗，贾军保，译. 北京:清华大学出版社，2009.

[56] GAMAGE C, LEIWO J, ZHENG Y L. Encrypted message authentication by firewalls[C]//Proceedings of the 2nd International Workshop on Practice and Theory in Public Key Cryptography, LNCS 1560. Berlin: Springer-Verlag, 1999: 69-81.

[57] GENTRY C, PEIKERT C, VAIKUNTANATHAN V. Trapdoors for hard lattices and new cryptographic constructions[C]//Proceedings of the 40th Annual ACM Symposium on Theory of Computing. New York: AMC, 2008: 197-206.

[58] GENTRY C. Practical identity-based encryption without random oracles[C]//Proceedings of the 24th Annual International Conference on the Theory and Applications of Cryptographic Techniques. Berlin: Springer-Verlag, 2006: 445-464.

[59] GOLDREICH O, OREN Y. Definitions and properties of zero-knowledge proof systems[J]. Journal of cryptology, 1994, 7(1): 1-32.

[60] GOLDREICH O. Foundations of cryptography: basic tools[M]. Cambridge: Cambridge University Press, 2001.

[61] GOLDWASSER S, MICALI S, RACKOFF C. The knowledge complexity of interactive proof-systems[C]//Proceedings of the 17th Annual ACM Symposium on Theory of Computing. NewYork:

ACM, 1985: 291-304.

[62] GOLDWASSER S, MICALI S, RIVEST R L. A digital signature scheme secure against adaptive chosen message attack: extended abstract[J]. Discrete algorithms and complexity, 1987(9): 287-310.

[63] GOLDWASSER S, MICALI S. Probability encryption and how to play mental poker keeping secret all partial information[C]//Proceedings of 14th ACM Symposium on Theory of Computing. New York: AMC, 1982: 365-377.

[64] GONG Z, LONG Y, HONG X, et al. Practical certificateless aggregate signatures from bilinear maps[J]. Journal of information science & engineering, 2010, 26(6): 2093-2106.

[65] GUILLOU L, QUISQUATER J. A paradoxical identity-based signature scheme resulting from zero-knowledge[C]//Proceedings of CRYPTO'88, LNCS 403. Berlin: Springer-Verlag, 1990: 216-231.

[66] HARN L, REN J, LIN C L. Design of DL-based certificateless digital signatures[J]. Journal of systems and software, 2009, 82(5):789-793.

[67] HARN L, YANG S. ID-based cryptographic schemes for user identification, digital signature, and key distribution[J]. IEEE journal on selected areas in communications, 1993, 11(5): 757-760.

[68] HE D B, CHEN J H, ZHANG R. Efficient and provably-secure certificateless signature scheme without bilinear pairings. Cryptology ePrint Archive, Report 2010/632[R/OL]. [2010-12-11]. http://eprint.iacr.org/2010/632.

[69] HERRANZ J, SAEZ G. Distributed ring signatures for identity-based scenarios[EB/OL]. [2019-04-26]. http://citeseerx.ist.psu.edu/viewdoc/download? doi=10.1.1.66.1458&rep=rep1&type=pdf.

[70] HERRANZ J, SAEZ G. Forking lemmas for ring signature schemes[C]//Proceedings of the 4th International Conference on Cryptology in India, LNCS 2904. Berlin: Springer-Verlag, 2003: 266-279.

[71] HESS F. Efficient identity based signature schemes based on pairings[C]//Proceedings of the 9th Annual International Workshop on Selected Areas in Cryptography, LNCS 2595. Berlin: Springer-Verlag, 2003: 310-324.

[72] HU C Y, LIU P T. A new ID-based ring signature scheme with constant-size signature[C]//Proceedings of the 2nd International Conference on Computer Engineering and Technology, IEEE Xplore, 2010: 579-581.

[73] HUANG XY, SUSILO W, MU Y, et al. On the security of certificateless signature schemes from asiacrypt 2003[C]//Proceedings of the 4th International Conference on Cryptology and Network

Security, LNCS 3810. Berlin: Springer-Verlag, 2005: 13-25.

[74] HWANG R J, LAI C H, SU F F. An efficient signcryption scheme with forward secrecy based on elliptic curve[J]. Applied mathematics & computation, 2005, 167(2): 870-881.

[75] ISSHIKI T, TANAKA K. An (n-t)-out-of-n threshold ring signature scheme[C]//Proceedings of the 10th Australasian Conference on Information Security and Privacy, LNCS 3574. Berlin: Springer-Verlag, 2005: 406-416.

[76] JAKOBSSON M, SAKO K, IMPAGLIAZZO R. Designated verifier proofs and their applications [C]//Proceedings of the International Conference on the Theory and Application of Cryptographic Techniques, LNCS 1070. Berlin: Springer-Verlag, 1996: 143-154.

[77] JAVIER H, FABIEN L. Blind ring signatures secure under the chosen-target-CDH assumption [C]//Proceedings of the 9th International Conference on Information Security, LNCS 4176. Berlin: Springer-Verlag, 2006: 117-130.

[78] JIN Z P, WEN Q Y, DU H Z. An improved semantically-secure identity-based signcryption scheme in the standard model[J]. Computer and electrical engineering, 2010, 36(3): 545-552.

[79] JIN Z P, WEN Q Y, ZHANG H. A supplement to Liu et al.'s certificateless signcryption scheme in the standard model. Cryptology ePrint Archive, Report 2010/252[R/OL]. [2019-04-26]. http:// eprint. iacr. org/2010/252.

[80] KOBLITZ N. A course in number theory and cryptography[M]. Second Edition. New York: Springer-Verlag, 1994.

[81] KOBLITZ N. Elliptic curve cryptosystems[J]. Mathematics of computation, 1987, 48(48): 203-209.

[82] KOMANO Y, OHTA K, SHIMBO A, et al. Toward the fair anonymous signatures: deniable ring signatures[C]//Proceedings of The Cryptographers' Track at the RSA Conference, LNCS 3860. Berlin: Springer-Verlag, 2006: 174-191.

[83] KUSHWAH P, LAL S. Identity based signcryption schemes without random oracles[J]. International journal of network security & its applications, 2012, 31(1): 56-62.

[84] LAIH C S, LEE J Y, HARN L, et al. A new scheme for ID-based cryptosystem and signature [C]//Proceedings of IEEE INFOCOM, IEEE Xplore, 1989: 998-1002.

[85] LEE K C, WEN H A, HWANG T. Convertible ring signature[J]. IEEE proceedings communications. 2005, 152(4): 411-414.

[86] LENSTRA A K. Integer factoring[J]. Designs, Codes and Cryptography, 2000, 19(2-3): 101-128.

[87] LI F G, MUHAYA F B, KHAN K, et al. Lattice-based signcryption[J]. Concurrency and com-

putation practice and experience, 2012, 25(4): 2112-2122.

[88] LI F G, SHIRASE M, TAKAGI T. Certificateless hybrid signcryption[C]//Proceedings of the 5th International Conference on Information Security Practice and Experience. Berlin: Springer-Verlag, 2009: 112-123.

[89] LIBERT B, QUISQUATER J J. New identity based signcryption schemes from pairings[C]//Proceedings of the 2003 IEEE Information Theory Workshop, IEEE Xplore, 2003: 155-158.

[90] LIU J K, SUSILO W, WONG D S. Ring signature with designated linkability[C]//Proceedings of the 1st International Workshop on Security, LNCS 4266. Berlin: Springer-Verlag, 2006: 104-119.

[91] LIU J K, WEI V K, WONG D S. Linkable spontaneous anonymous group signature for ad hoc groups[C]//Proceedings of the 9th Australasian Conference on Information Security and Privacy, LNCS 3108. Berlin: Springer-Verlag, 2004: 325-335.

[92] LIU J K, WONG D S. Linkable ring signatures: security models and new schemes[C]//Proceedings of the International Conference on Computational Science and Its Applications, LNCS 3481. Berlin: Springer-Verlag, 2005: 614-623.

[93] LIU J K, WONG D S. On the security models of (threshold) ring signature schemes[C]//Proceedings of the 7th International Conference on Information Security and Cryptology, LNCS 3506. Berlin: Springer-Verlag, 2005: 204-217.

[94] LIU Z H, HU Y P, ZHANG X S, et al. Certificateless signcryption scheme in the standard model[J]. Information science, 2010, 180(1): 452-464.

[95] LIU Z H, HU Y P, ZHANG X S, et al. Efficient and strongly unforgeable identity-based signature scheme from lattices in the standard model[J]. Security and communication networks, 2013, 6(1): 69-77.

[96] LU X H, WEN Q Y, JIN Z P, et al. A lattice-based signcryption scheme without random oracles[J]. Frontiers of computer science, 2014, 8(4): 667-675.

[97] LYUBASHEVSKY V, MICCIANCIO D. Generalized compact knapsacks are collision resistant [C]//Proceedings of International Colloquium on Automata, Languages, and Programming, LNCS 4052. Berlin: Springer-Verlay, 2006: 144-155.

[98] LYUBASHEVSKY V. Lattice signatures without trapdoors[C]//Proceedings of the 31st Annual International Conference on the Theory and Applications of Cryptographic Techniques, LNCS 7237. Berlin: Springer-Verlag, 2012: 738-755.

[99] MALONE-LEE J, MAO W. Two birds one stone: signcryption using RSA[C]//Proceedings of the Cryptographers' Track at the RSA Conference, LNCS 2612. Berlin: Springer-Verlag, 2003: 211-226.

[100] MALONE-LEE J. Identity based signcryption. Cryptology ePrint Archive, Report 2002/098

[R/OL]. [2019-04-26]. http://eprint. iacr. org/2002/098.

[101] MAMBO M, USUDA K, OKAMOTO E. Proxy signatures for delegating signing operation[C]//Proceedings of the 3rd ACM Conference on Computer and Communications Security. New York: ACM, 1996: 48-57.

[102] MAO W B. Modern cryptography: theory and practice[Z]. Prentice Hall professional technical reference, 2003.

[103] MAO W. 现代密码学理论与实践[M]. 王继林, 伍前红, 译. 北京:电子工业出版社, 2004.

[104] MELCHOR C A, CAYREL P L, GABORIT P. A new efficient threshold ring signature scheme based on coding theory[C]//Proceedings of the 2nd International Workshop on Post-Quantum Cryptography, LNCS 5299. Berlin: Springer-Verlag, 2008: 1-16.

[105] MENEZES A J, VANSTONE S A, VANOORSCHOT P C. Handbook of applied cryptography [M]. Boca Raton: CRC Press, 1996.

[106] MICCIANCIO D, GOLDWASSER S. Complexity of lattice problems: a cryptographic perspective[M]. The Kluwer International Series in Engineering and Computer Science. Newell: Kluwer Academic Publishers, 2002.

[107] MICCIANCIO D, REGEV O. Lattice-based cryptography. Post-Quantum Cryptography[M]. Heidelberg:Springer, 2009: 147-191.

[108] MICCIANCIO D, REGEV O. Worst-case to average-case reductions based on Gaussian measures[J]. SIAM journal on computing, 2007, 37(1): 267-302.

[109] MICCIANCIO D. Generalized compact knapsacks, cyclic lattices, and efficient one-way functions[J]. Computational complexity, 2007, 16(4): 365-411.

[110] MILLER V S. Use of elliptic curves in cryptography[C]//Proceedings of CRYPTO'85, LNCS 218. Berlin: Springer-Verlag, 1986: 417-426.

[111] MOLLIN R A. An introduction to cryptography[M]. Second Edition. Boca Raton: Chapman and Hall/CRC Press, 2006.

[112] NAOR M, YUNG M. Public-key cryptosystems provably secure against chosen ciphertext attacks[C]//Proceedings of the 22nd Annual ACM Symposium on Theory of Computing. New York: AMC, 1990: 427-437.

[113] NAOR M. Deniable ring authentication[C]//Proceedings of the 22nd Annual International Cryptology Conference on Advances in Cryptology, LNCS 2442. Berlin: Springer-Verlag, 2002: 481-498.

[114] NIST C. The digital signature standard[J]. Communications of the ACM, 1992, 35(7): 36-40.

[115] NONG Q, HAO Y H. Cryptanalysis and improvements of two certificateless signature schemes with additional properties[C]//Proceedings of the 2008 International Symposium on Computer Science and Computational Technology, IEEE Xplore, 2008: 54-58.

[116] NYBERG K, RUEPPEL R A. Message recovery for signature schemes based on the discrete logarithm problem[C]//Proceedings of the Workshop on the Theory and Application of Cryptographic Techniques, LNCS 950. Berlin: Springer-Verlag, 1995: 182-193.

[117] OHTA K, OKAMOTO E. Practical extention of fiat-shamir scheme[J]. Electronics letters, 1988, 24(15): 955-956.

[118] PAPADIMITRIOU C. Computational complexity[M]. Massachusetts: Addison- Wesley, 1994.

[119] PATERSON K G, SCHULDT J C N. Efficient identity-based signatures secure in the standard model[C]//Proceedings of the 11th Australasian Conference on Information Security and Privacy, LNCS 4058. Berlin:Springer-Verlag, 2006: 207-222.

[120] PATERSON K G. ID-based signatures from pairings on elliptic curves[J]. Electronics letters, 2002, (38): 1025-1026.

[121] PEIKERT C, ROSEN A. Efficient collision-resistant hashing from worst-case assumptions on cyclic lattices[C]//Proceedings of the Third Theory of Cryptography Conference, LNCS 3876. Berlin: Springer-Verlay, 2006: 145-166.

[122] PEIKERT C. Public-key cryptosystems from the worst-case shortest vector problem[C]// Proceedings of the Forty-First Annual ACM Symposium on Theory of Computing. New York: AMC, 2009: 333-342.

[123] PETERSEN H, MICHELS M. Cryptanalysis and improvement of signcryption schemes[J]. IEEE computers and digital communications, 1998, 145(2): 149-151.

[124] POINTCHEVAL D, STERN J. Security arguments for digital signatures and blind signature[J]. Journal of cryptology, 2000, 13(3): 361-396.

[125] POINTCHEVAL D, STERN J. Security proofs for signature schemes[C]//Proceedings of the International Conference on the Theory and Application of Cryptographic Techniques, LNCS 1070. Berlin: Springer, 1996: 387-398.

[126] POINTCHEVAL D. Asymmetric cryptograph and practical security[J]. Journal of telecommunications and information technology, 2002(4): 41-56.

[127] QUISQUATER J J, GUILLOU L, BERSON T. How to explain zero-knowledge protocols to your children[C]//Proceedings of CRYPTO' 89, LNCS 435. Berlin: Springer-Verlay, 1990: 628-631.

[128] RABIN M O. Digital signature and public key functions as intractable as factorization[R]. MIT Laboratory for Computer Science, Technical Report, MIT/LCS/TR-212, 1979.

[129] RACKOFF C, SIMON D R. Non-interactive zero-knowledge proof of knowledge and chosen ciphertext attack[C]//Proceedings of CRYPTO'91, LNCS 576. Berlin: Springer-Verlag, 1992: 433-444.

[130] REGEV O. On lattices, learning with errors, random linear codes, and cryptography[C]// Proceedings of the Thirty-Seventh Annual ACM Symposium on Theory of Computing. New York: AMC, 2005:84-93.

[131] RIVEST R L, SHAMIR A, ADLEMAN L. A method for obtaining digital signatures and public-key cryptosystems[J]. Communications of the ACM, 1978, 21(2): 120-126.

[132] RIVEST R L, SHAMIR A, TAUMAN Y. How to leak a secret[C]//Proceedings of the 7th International Conference on the Theory and Application of Cryptology and Information Security, LNCS 2248. Berlin: Springer-Verlag, 2001: 552-565.

[133] RÜCKERT M, DARMSTADT T. Strongly unforgeable signatures and hierarchical identity-based signatures from lattices without random oracles[C]//Proceedings of the Third International Workshop on Post-Quantum Cryptography, LNCS 6061. Berlin: Springer-Verlag, 2010: 182-200.

[134] SATO S, SHIKATA J J. Lattice-based signcryption without random oracles[C]//Proceedings of the 9th International Conference on Post-Quantum Cryptography. Berlin: Springer-Verlag, 2018: 331-351.

[135] SCHNORR C P. Efficient identification and signatures for smart cards[C]//Proceedings of the Workshop on the Theory and Application of Cryptographic Techniques, LNCS 434. Berlin: Springer-Verlag, 1990: 688-689.

[136] SELVI S S D, VIVEK S S, RANGAN C P. Certificateless KEM and hybrid signcryption schemes revisited. Cryptology ePrint Archive, Report 2009/462[R/OL]. [2019-04-36]. http:// eprint. iacr. org/2009/462.

[137] SELVI S S D, VIVEK S S, RANGAN C P. Cryptanalysis of certificateless signcryption schemes and an efficient construction without pairing. Cryptology ePrint Archive, Report 2009/298[R/OL]. [2019-04-26]. http://eprint. iacr. org/2009/298.

[138] SELVI S S D, VIVEK S S, RANGAN C P. Security weakness in two certificateless signcryption schemes. Cryptology ePrint Archive, Report 2010/092[R/OL]. [2019-04-26]. http:// eprint. iacr. org/2010/092.

[139] SHAMIR A. Identity-based cryptosystems and signature schemes[C]//Proceedings of CRYPTO'84, LNCS 196. Berlin: Springer-Verlag, 1985: 47-53.

[140] SHIM K A. Breaking the short certificateless signature scheme[J]. Information sciences, 2009, 179(3): 303-306.

[141] SHIN J B, LEE K, SHIM K. New DSA-verifiable signcryption schemes[C]//Proceedings of the 5th International Conference on Information Security and Cryptology, LNCS 2587. Berlin: Springer-Verlag, 2002: 35-47.

[142] SHOR P W. Polynomial-time algorithms for prime factorization and discrete logarithms on a quantum computer[J]. SIAM journal on computing, 1997, 26(5): 1484-1509.

[143] SILVERMAN J H, PIPHER J, HOFFSTEIN J. An introduction to mathematical cryptography [M]. New York: Springer-Verlag, 2008.

[144] SOTO C, OKAMOTO T, OKAMOTO E. Strongly unforgeable ID-based signatures without random oracles[C]//Proceedings of the 5th International Conference on Information Security Practice and Experience, LNCS 5451. Berlin: Springer-Verlag, 2009: 35-46.

[145] STEINFELD R, ZHENG Y L. A signcryption scheme based on integer factorization[C]//Proceedings of the 3rd International Workshop on Information Security, LNCS 1975. Berlin: Springer-Verlag, 2000: 308-322.

[146] STINSON D R. 密码学原理与实践[M]. 3 版. 冯登国, 译. 北京:电子工业出版社, 2013.

[147] SUN Y X, LI H. Efficient signcryption between TPKC and IDPKC and its multi-receiver construction[J]. science china information science, 2010, 53(3): 557-566.

[148] SUSILO W, MU Y. Non-interactive deniable ring authentication[C]//Proceedings of the 6th International Conference on Information Security and Cryptology, LNCS 2971. Berlin: Springer-Verlag, 2004: 386-401.

[149] TALBOT J, WELSH D. Complexity and cryptography: an introduction[M]. New York: Cambridge University Press, 2006.

[150] TIAN M, HUANG L S. A new hierarchical identity-based signature scheme from lattices in the standard model[J]. International journal of network security, 2012, 14(6): 310-315.

[151] TIAN M. HUANG L S. Efficient identity-based signature from lattices[C]//Proceedings of the IFIP International Information Security Conference on ICT Systems Security and Privacy Protection. Berlin: Springer-Verlag, 2014: 321-329.

[152] TSANG P P, WEI V K, CHAN T K, et al. Separable linkable threshold ring signatures[C]// Proceedings of the 5th International Conference on Cryptology in India, LNCS 3348. Berlin: Springer-Verlag, 2005: 384-398.

[153] TSANG P P, WEI V K. Short linkable ring signatures for e-voting, e-cash and attestation [C]//Proceedings of the 1st International Conference on Information Security Practice and Experience, LNCS 3439. Berlin: Springer-Verlag, 2005: 48-60.

[154] TSO R L, YI X, HUANG X Y. Efficient and short certificateless signature[C]//Proceedings

of the 7th International Conference on Cryptology and Network Security, LNCS 5339. Berlin: Springer-Verlag, 2008: 64–79.

[155] WAN Z M, LAI X J, WENG J, et al. Certificateless key-insulated signature without random oracles[J]. Journal of Zhejiang University science A, 2009, 10(12):1790–1800.

[156] WANG C H, LIU C Y. A new ring signature scheme with signer-admission property. Information sciences, 177(3): 747–754.

[157] WANG F H, HU Y P, WANG C X. Post-quantum secure hybrid signcryption from lattice assumption[J]. Applied mathematics and information sciences, 2012, 6(1): 23–28.

[158] WANG H Q, HAN S J. A provably secure threshold ring signature scheme in certificateless cryptography[C]//Proceedings of the International Conference on Information Science and Management Engineering, Washington IEEE Computer Society, 2010: 105–108.

[159] WANG H Q, ZHANG F T, SUN Y F. Cryptanalysis of a generalized ring signature scheme[J]. IEEE transactions on dependable and secure computing, 2009, 6(2): 149–151 .

[160] WANG J, SUN B. Ring signature schemes from lattice basis delegation[C]//Proceedings of the 13th International Conference on Information and Communications Security, LNCS 7043. Berlin: Springer Verlag, 2011: 15–28.

[161] WATERS B. Efficient identity-based encryption without random oracles[C]//Proceedings of EUROCRYPT 2005, LNCS 3494. Berlin: Springer-Verlag , 2005: 114–127.

[162] WONG D S, FUNG K, LIU J K, et al. On the rs-code construction of ring signature schemes and a threshold setting of RST[C]//Proceedings of the 5th International Conference on Information and Communications Security, LNCS 2836. Berlin: Springer-Verlag, 2003: 34–46.

[163] WU C H, LAN X L, ZHANG J H, et al. Cryptanalysis and improvement of an efficient certificateless signature scheme[C]//Proceedings of the 2nd International Conference on Network Computing and Information Security, LNCS 345. Berlin: Springer-Verlag, 2012: 221–228.

[164] WU C, CHEN Z. A new efficient certificateless signcryption scheme[C]//Proceedings of the 2012 Fourth International Symposium on Information Science and Engineering, IEEE Xplore, 2008: 661–664.

[165] WU Q H, ZHANG F G, SUSILO W, et al. An efficient static blind ring signature scheme [C]//Proceedings of the 8th International Conference on Information Security and Cryptology, LNCS 3935. Berlin: Springer-Verlag, 2006: 410–423.

[166] XIA F, YANG B, SUN W. An efficient identity-based signature from lattice in the random oracle model[J]. Journal of computational information systems, 2011, 7(11): 3963–3971.

[167] XIANG X Y, LI H, WANG M Y, et al. Hidden attribute-based signcryption scheme for lattice[J]. Security and communication networks, 2014(7): 1780–1787.

[168] XIE W J, ZHANG Z. Certificateless signcryption without pairing. Cryptology ePrint Archive, Report 2010/187[R/OL]. [2019-04-26]. http://eprint. iacr. org/2010/187.

[169] XIE W J, ZHANG Z. Efficient and provably secure certificateless signcryption from bilinear maps. Cryptology ePrint Archive, Report 2009/578 [R/OL]. [2019-04-26]. http://eprint. iacr. org/2009/578.

[170] XIONG H, QIN Z G, LI F G, et al. Identity-based threshold ring signature without pairings[C]//Proceedings of the International Conference on Communications, Circuits and Systems, IEEE Xplore, 2008: 478-482.

[171] YAN J H, WANG L C, DONG M X, et al. Identity-based signcryption from lattices[J]. Security and communication networks, 2015 (8): 3751-3770.

[172] YAN S Y. Number theory for computing[M]. Second Edition. Berlin: Springer-Verlag, 2002.

[173] YU Y, YANG B, SUN Y, et al. Identity-based signcryption scheme without random oracles. Computer standards & interfaces, 2009, 31(1): 56-62.

[174] YUEN T H, SUSILO W, MU Y. How to construct identity-based signatures without the key escrow problem[C]//Proceedings of the 6th European Workshop on Public Key Infrastructures, Services and Applications, LNCS 6391. Berlin: Springer-Verlag, 2010: 286-301.

[175] YUM D H, LEE P J. New signcryption schemes based on KCDSA[C]//Proceedings of the 4th International Conference on Information Security and Cryptology, LNCS 2288. Berlin: Springer-Verlag, 2001: 305-317.

[176] ZHANG B, XU Q L. Identity-based multi-signcryption scheme without random oracles[J]. Chinese journal of computers, 2010, 33(1): 103-110.

[177] ZHANG F T, LI S J, MIAO S Q, et al. Cryptanalysis on two certificateless signature schemes [J]. International journal of computers communications & control, 2010, 5(4): 586-591.

[178] ZHANG J H, CHEN H, LIU X, et al. An efficient blind ring signature scheme without pairings [C]//Proceedings of the 2010 International Conference on Web-Age Information Management, LNCS 6185. Berlin: Springer-Verlag, 2010: 177-188.

[179] ZHANG L, QIN B, WU Q H, et al. Efficient many-to-one authentication with certificateless aggregate signatures[J]. Computer networks, 2010, 54(14): 2482-2491.

[180] ZHANG L, ZHANG F T, WU W. A provably secure ring signature scheme in certificateless cryptography[C]//Proceedings of the 1st International Conference on Provable Security, LNCS 4784. Berlin: Springer-Verlag, 2007: 103-121.

[181] ZHANG X J, XU C X, JIN C H, et al. A post-quantum communication secure identity-based proxy-signcryption scheme[J]. International journal of electronic security and digital forensics, 2015, 7(2): 147-165.

[182] ZHENG Y L. Digital signcryption or how to achieve cost(signature & encryption) << cost(signature) + cost(encryption) [C]//Proceedings of the 17th Annual International Cryptology Conference on Advances in Cryptology, LNCS 1294. Berlin: Springer-Verlag, 1997: 165-179.

[183] 陈少真. 密码学教程[M]. 北京:科学出版社, 2012.

[184] 冯登国. 可证明安全性理论与方法研究[J]. 软件学报. 2005, 16(10): 1743-1756.

[185] 冯登国. 信息安全中的数学方法与技术[M]. 北京: 清华大学出版社, 2009.

[186] 李发根, 胡玉濮, 李刚. 一个高效的基于身份的签密方案[J]. 计算机学报, 2006, 29(9): 1641-1647.

[187] 李明祥, 安妮, 封二英. 一种有效的基于格的盲环签名方案[J]. 计算机应用与软件, 2015, 32(7): 301-304.

[188] 路秀华, 温巧燕, 王励成, 等. 无陷门格基签密方案[J]. 电子与信息学报, 2016, 38(9): 2287-2293.

[189] 路秀华, 温巧燕, 王励成. 格上的异构签密[J]. 电子科技大学学报, 2016, 45(3): 458-462.

[190] 桑永宣, 曾吉文. 两种无证书的分布环签名方案[J]. 电子学报, 2008, 36(7): 1468-1472.

[191] 宋明明, 张彰, 谢文坚. 一种无证书签密方案的安全性分析[J]. 计算机工程, 2011, 37(9): 163-165.

[192] 孙华, 郭磊, 郑雪峰, 等. 签名长度固定的基于身份门限环签名方案[J]. 计算机应用, 2012, 32(5): 1385-1387.

[193] 孙华, 郭磊, 郑雪峰, 等. 一种标准模型下基于身份的有效门限环签名方案[J]. 计算机应用研究, 2012, 29(6): 2258-2261.

[194] 孙华, 孟坤. 标准模型下可证安全的有效无证书签密方案[J]. 计算机应用, 2013, 33(7): 1846-1850.

[195] 孙华, 王爱民, 郑雪峰. 一个可证明安全的无证书盲环签名方案[J]. 计算机应用研究, 2013, 30(8): 2510-2514.

[196] 孙淑玲. 应用密码学[M]. 北京:清华大学出版社, 2004.

[197] 汤海婷, 汪学明. 基于格的属性签密方案[J]. 计算机工程与设计, 2018, 39(10): 3034-3038.

[198] 田苗苗, 黄刘生, 杨威. 高效的基于格的环签名方案[J]. 计算机学报, 2012, 35(4): 712-718.

[199] 王凤和, 胡予濮, 王春晓. 格上基于盆景树模型的环签名[J]. 电子与信息学报, 2010, 32(10): 2400-2403.

[200] 王会歌, 王彩芬, 易玮, 等. 高效的无证书可公开验证签密方案[J]. 计算机工程, 2009,

35(5)：147-149.

[201] 王培东，解英，解凤强．标准模型下可证安全的无证书签密方案[J]．哈尔滨理工大学学报，2012，17(3)：83-86.

[202] 王小云，王明强，孟宪萌．公钥密码学的数学基础[M]．北京：科学出版社，2013.

[203] 向新银．标准模型下的无证书签密方案[J]．计算机应用，2010，30(8)：2151-2153.

[204] 项文，杨晓元，王绪安，等．前向安全的格上基于身份签密方案[J]．计算机应用，2016，36(11)：3077-3081.

[205] 张立昂．可计算性与计算复杂性导引(第3版)[M]．北京：北京大学出版社，2011.

[206] 张明武，杨波，周敏，等．两种签密方案的安全性分析及改进[J]．电子与信息学报，2010，32(7)：1731-1736.

[207] 章照止．现代密码学基础[M]．北京:北京邮电大学出版社，2004.

[208] 朱一清．可计算性和计算复杂性[M]．北京：国防工业出版社，2006.